CHANEL

CATWALK

香奈儿T台
时装作品全集

（法）帕特里克 · 莫列斯　（法）阿黛丽娅 · 萨巴蒂尼　著

张晓宏　译

吴恳　杨扬　校译

東華大學出版社 · 上海

目　录

卡尔·拉格斐

1983

1984

1985

1986

1987

1988

1989

2013

2014

2015

2016

序　言

“流行易逝，风格永存。”

撰文 / 帕特里克・莫列斯

1983 年 1 月 25 日下午 3 时，几位特别的嘉宾受邀来到康朋街 31 号。以前，香奈儿女士喜欢在这个优雅而静谧的空间内举办时尚发布会，而她自己会坐在楼梯的隐秘之处静静观赏。如今，嘉宾们或许知道他们即将见证一个历史性的时刻，但他们并未确切地知道这是一个怎样的时刻。

整个巴黎都还在为卡尔・拉格斐（Karl Lagerfeld）的新闻震惊不已。作为成衣界的领军人物之一，在影响力正值顶峰之时，这位设计师选择加入一个已沉寂多时的高级定制服品牌。大家都在好奇，甚至有些幸灾乐祸，想看看这个总是拿着扇子的男人，这个为蔻依（Chloé）打造了标志性流畅廓形与花饰元素的设计师，能否从他自己选择进入的困境中走出，将一个传承悠久却正在褪色的时尚传奇带入全新时代。

1971 年，香奈儿女士去世。她在 1954 年重返时尚舞台之后，曾重振事业版图，虽然过程并非一帆风顺，但最终完成了她的神话。尽管当时她的设计在某种程度上有着风格固化的风险，却依然为她带来名声，一如她那些机敏而一针见血的言论。此后，种种想要继续她传承的尝试皆所得无果，并且这种情况看起来并不乐观。“人们很擅长遗忘，”以马尾辫形象与机智闻名的卡尔后来说道，“曾几何时，香奈儿就是顶过时的帽子，在巴黎，只有医生的妻子们还在戴它，没有人想要它了，它本来没有希望了……”

卡尔为香奈儿打造的第一场时尚发布会便为接下来的每一场定下了基调，其方式亦成为一以贯之的核心法则。对手工技艺与专业技术熟稔于心并充满热爱的卡尔，在保留香奈儿经典风格的基础上加以创新演绎，拒绝守旧与平庸。作为香奈儿的标志作品之一，饰以编结滚边的套装是卡尔首场发布会的开场造型，以蓝色、白色与红色三种色调演绎，先锋大胆，套装的剪裁比例经过精心修改：肩线更宽、突出腰线，下摆的长度也经过调整。香奈儿风格语汇中的元素，包括山茶花、双 C 标志、链条、服饰珠宝，以刺绣或凸显廓形的形式出现，是对传统的呼应和致敬。这是卡尔精心设计的一种策略。“如果你回顾 20 世纪 50 年代的系列作品，主要是 50 年代末期，”他说，“几乎没有链条元素，没有双 C 标志，也没有山茶花。但是在 20 世纪 80 年代，我必须竭尽所能利用它们，否则那就只是一套点缀着蝴蝶结的漂亮却毫不起眼的斜纹软呢套装。

是我将这些元素融入设计中，令它们成为亮点，并让人们相信它们始终存在。”

这个开场秀还伴随着另一个举措。拉格斐并不满足于对香奈儿衣橱中的元素进行单纯的解构与重组，也不满足于沿袭在过去几十年里一直被定义为品牌标志的“制服”，他回溯了更早以前的作品，比如香奈儿于20世纪30年代创作的修长而柔美的廓形、轻柔的针织作品、对刺绣薄纱与欧根纱的喜爱以及对蕾丝的大量使用。虽然20世纪50年代的香奈儿与灵感源于男装结构感十足的斜纹软呢套装密不可分，但30年代的香奈儿却是玲珑线条与女性柔美的化身，既有层叠蕾丝打造的晚装，也有适宜日间穿着的两件套与小黑裙。“在20世纪30年代，香奈儿女士的蕾丝远比她的套装更加知名。如果有人对我提起蕾丝，我会立马想到香奈儿。”拉格斐一贯善于在事物的两极之间架设通路，他如此说道，“我试图以一句歌德的名言来演变香奈儿的风格：过去是美好未来的基石。”

拉格斐对于延续品牌传承并无任何抵触，亦不想通过颠覆品牌的风格法则来打造自己的个人特色，无论这些已有的元素看起来多么过时。相反，他投身于品牌历史中，通过抽丝剥茧，编织出全新的图景，推出面向未来的设计。事实上，这正是卡尔·拉格斐一贯的手法，从他早期为巴尔曼（Balmain）与帕图（Patou）的创作，到他后期为卡德特（Cadette）、克芮绮亚（Krizia）、卓丹（Charles Jourdan）、马里奥·华伦天奴（Mario Valentino）、芬迪（Fendi）、蔻依打造的系列作品，不同的品牌成为他不同的面具与身份。

卡尔与整个时尚体系和逻辑的对抗，令他成为一名没有标签的设计师，而这恰恰是他的成功所在。每一次他推出个人品牌，从最开始的拉格斐画廊（Lagerfeld Gallery）到后来的卡尔·拉格斐，便会将其交由第三方运营，自己则成为品牌的一个象征。他属于所有品牌，因此他不属于任何品牌，最终他只是做他自己。这是他向世人展示自我的一种关键方式：一个机会主义者、一个时尚界的变色龙、一个专业的“知道分子”，甚至是个雇佣兵。“追根究底，我只是一名让品牌永续发展的雇佣兵。”在早年的采访中，他单刀直入地总结道，而此后他的宣言则更为极致纯粹，“我的生活和我的工作，都是为了忘记我自己。”

由是，卡尔开创了时尚界的新纪元，也开创了一种全新的商业模式，这种模式在随后的几十年间蒸蒸日上，最终成为一种范式：全能时尚设计师的模式。这便是在 1983 年 1 月 25 日，他的宾客们所见证的预料之外的历史里程。直到此后的十年，这种模式才走向常态，例如迪奥（Dior）与约翰・加利亚诺（John Galliano）、汤姆・福特（Tom Ford）与圣罗兰（Yves Saint Laurent），以及随后的马克・雅可布（Marc Jacobs）、艾迪・斯理曼（Hedi Slimane）与尼古拉・盖斯奇埃尔（Nicolas Ghesquière），这种全能时尚设计师的模式从根本上革新了整个时尚产业。接下来的内容将从这个角度，以典型案例展示时尚界在过去三十年间所产生的巨大变革，包括重新定义高级定制服、高级成衣与胶囊系列的意义所在。

除了拉格斐有意地希望隐藏自我之外，这种模式在香奈儿品牌取得成功的原因之一（尽管早年的情况其实远没有如今回看起来那么一帆风顺），便在于可可・香奈儿本人也不是一个钟爱怀旧的古板人物，在她的继任者眼中，她有着难以捉摸与变幻莫测的个性，她为当下而生，是她所处时代的艺术家，并与时代的精神与需求共鸣。拉格斐说："香奈儿是属于她所处时代的女性，她没有活在过去，也从不向后看。正相反，她厌恶过去，包括她自己的过去，所有一切都由此展开。这也是为什么香奈儿品牌必须跟上时代。"

此外，这种与当下建立直接关联的渴望也成就了可可・香奈儿，令她成为一名超前于她所处时代的时尚设计师。拉格斐说："如果一定要让我定义香奈儿，我会说她是第一位让女性拥有现代态度的时尚设计师，而这种态度在她之前并不存在。"一名精于改变与借鉴、转化与再诠释的设计师，日常现实的种种元素在她眼中成为创作的基石，而她由此打造出来的全新作品，甚至比其原本的面貌更加动人。这正是香奈儿在处理她借鉴自男装的面料和元素时所采用的方法，反过来，卡尔则以这种方式诠释香奈儿的经典符号。实际上，这种形式正是 17 世纪修辞学家巴尔塔沙・葛拉西安（Baltasar Gracián）所说的"神秘的思考"，在令人信服的智慧背后，有一种无形的分寸感。这种对机智、简约与力透纸背说辞的热爱，亦体现于拉格斐的生活、言论，以及他的时尚态度之中。

渴望与需求总是源于当下，就像照片一样捕捉瞬间，自然而然，有着转瞬即逝的属性。但对于香奈儿而言，我们会发现某种悖论般的情况发生了：作为时尚设计师，她令她的作品摆脱了时间的桎梏，获得了一种隽永的风格。正如拉格斐所言，"香奈儿不仅留给我们时尚，而且还留给我们一种风格。而风格就像她所说的，永不过时。”同时他还指出，“香奈儿留给我们她的风格，一眼可辨。但这种隽永的风格，必须与当下的时尚步调一致。这种风格属于另一个时代，但它存留下来，并且能够符合之后每一个时代的摩登性。”这样的陈述适用于可可 · 香奈儿，亦适用于她的这位继任者，这种情况绝非巧合。

无论是否有意，这种看待事物的方法植根于一种对风格的经典定义：风格即女性本人——接近布丰伯爵（Count de Buffon）的思想。拉格斐说：“可可有自己的造型、自己的风格……她一无所知，又通晓一切。也就是说，她了解她自己。香奈儿为我们呈现了……她自己。”

她的时尚来自她对所处生活圈的身心反应，在感觉不自在之时，她会用自己的想象力与之抗争。因此，她的每一个生活片段都与创意共鸣，回响在她的整个创作生涯之中：奥巴辛修道院中的各种图案、西敏公爵时期的斜纹软呢、杜维埃的 Jersey 针织面料，以及那些呼应着拜占庭风格下华美壮丽的威尼斯与狄米崔·帕夫洛维奇（Dmitri Pavlovich）大公的服饰珠宝。拉格斐以非凡之艺，将这些低调而又散落的元素，幻化为多种多样的组合，以自己的想象力将它们糅合在一起。在总是不断变化、仿若“变色龙”的面貌下，拉格斐的创作中蕴含着某种显而易见的共性与传承：博学广闻的引用、多元视觉效果的呈现，聪慧机智，20 世纪 30 年代的柔美时尚，柔和而修长、重叠并互相交织的线条感，对黑与白的热爱（这两种颜色也构成了卡尔 · 拉格斐品牌的基调），以及对那个他想象中的德国的诠释，这种视觉感一以贯之，尽管他离开这个国度已有数十年。“精神上我就是一个德国人，但属于那个早已不复存在的德国。”他如此宣称，这种视角的延续，甚至还包括他对母语的使用。拉格斐在职业生涯中曾提及，20 世纪早期的两位德国的伟大人物—— 作家、政治家沃尔特 · 拉特瑙（Walter Rathenau）和美学家、艺术收藏家哈里 · 凯斯勒（Harry Kessler），是自己关于优雅的榜样，尽管他们与时尚并无直接关联，但在他们身上不难发现拉格斐的影子。

拉格斐与香奈儿女士之间有一个不可否认的共同点，那便是他们都已成为各自时尚理念的真正化身。拉格斐在成为标志性人物之前，曾在数年间一次又一次地革新自我形象，从 20 世纪 80 年代总是手持扇子、热衷于 18 世纪文化的贵公子形象，到 20 世纪 90 年代日本风格的宽松西服套装，然后在接下来的数十年，再次彻底改变自己。最终，体形良好、身着标志性翼领衬衫的形象，成为他唯一的风格特征。他说，自我形象就像他自己的“木偶”，而这是他的最后一个化身。

尽管这些变化只能作为有关卡尔·拉格斐的传记类素材，但其实，它们更是过去三十年来时尚界变革的一部分，也是拉格斐对打造一个“跨国奢华品牌”需求的回应。彼时，整个时尚行业都在追寻一个“更广阔、更丰富、更有张力”的市场，这种需求前所未有。同样的理念亦体现于他对香奈儿经典元素的强化上：2.55 菱格纹手袋、饰以编结滚边的套装、双色鞋、山茶花、服饰珠宝……这位天马行空、极富想象力的设计师，一季又一季，围绕着这些元素进行了数不胜数的创作，因为他将其视作易于识别的象征符号，能够跨越语言与地理的藩篱而被更多的人理解。“对一家公司来说，标志性比以往任何时候都更加重要。因为我们的产品会销往世界上那些无法阅读我们的文字或理解我们语言的地区。世界上大部分国家的文字都基于某种符号标识系统。他们刚开始也许能记住著名的‘CC’标志，但是读不出品牌的名字，要之后慢慢学怎么读。过去，我们主要向了解我们的文化、懂英语或法语的人出售产品，而现在这部分人只是我们客户群的一部分。今天，品牌标志便是营销、奢侈品和商业领域的世界语言。”

超模的诞生恰好与拉格斐接手香奈儿的时间相吻合。事实上，他在其中发挥了关键作用，他向模特伊娜·德拉弗拉桑热（Inès de la Fressange）提供了一份独家合同。这一史无前例的举措可被看作是另一种品牌策略。多年来，品牌与精心挑选的为数不多的几张面孔保持着这种合作关系，直到 21 世纪初的卡拉·迪瓦伊（Cara Delevingne）。拉格斐不仅负责香奈儿时装系列作品的创作，同时也负责时尚大片与广告大片的拍摄，以及构筑品牌的国际化形象，从而进入视觉通用语言创作的下一个阶段。

香奈儿品牌不断发展壮大，尤其在过去数十年间。进入 21 世纪以来，时尚发布会的频次与类型都急剧增加。早春度假系列是高级成衣系列的延伸，旨在为尊贵的顾客提供去异国度假时穿的服饰。早春度假系列会在世界各地选择极具特色的地点举办发布会，引来全球媒体争相报道。2005—2006 早春度假系列在巴黎的一辆巴士上发布，其他早春度假系列发布会曾在纽约中央火车站、洛杉矶圣莫妮卡机场、威尼斯丽都海滩、凡尔赛宫三泉林花园、新加坡登布西山、迪拜 The Island 与哈瓦那普拉多大道等地举办。

与此同时，高级手工坊系列也应运而生，这一系列的作品旨在展现香奈儿多年来收购与支持的高级手工坊的精湛工艺。这些工坊包括 Lesage 刺绣坊、Lemarié 山茶花及羽饰坊、Maison Michel 制帽坊、Causse 手套坊、Massaro

鞋履坊，以及香奈儿羊绒面料的长期供应商——位于苏格兰的Barrie针织工坊。高级手工坊系列发布会超越传统T台的限制，为全世界不同地区与文化提供尽情挥洒创意的机会。从孟买到爱丁堡，从达拉斯到上海、萨尔茨堡，以精湛手工艺打造的华美系列在历史悠久或气势恢宏的场景中发布，生动地展示了品牌经典象征符号的变奏演绎、充满异国情调的图案，以及作品对历史文化的参考与诠释。拉格斐再一次开创了一种被其他著名时装品牌效仿的模式。

这种充满戏剧张力的展示方式持续地迅速发展。无论是高级定制服还是高级成衣系列，发布会常常在壮观、华美的场景中进行。通常，香奈儿的时尚发布会在巴黎大皇宫举行。这些声势浩大的发布会成为全球盛事，在品牌形象塑造的角逐场上，成为极为重要的拓宽与传播时尚信息的全新方式。

高级定制服系列、高级成衣系列、早春度假系列、高级手工坊系列……每年，卡尔为香奈儿创作的作品中有6个系列作品需要各自独特的展示方式，以满足每个系列的不同诉求。尽管如今的时尚行业已经有了翻天覆地的变化，在高级成衣的创作中采用从上至下的合作方式（包括拉格斐在内的顶级设计师掀起为大众零售连锁品牌创作的风潮）、运用更多的手工艺，甚至在华美程度与价格上媲美高级定制服，不同领域的时尚创作之间的界限似乎变得模糊，但是在卡尔的眼中，它们却从来都泾渭分明。“高级定制服和高级成衣没有任何关系，”拉格斐在2015年说，“两者之间也不应有任何关系。”这种分别不仅指高级定制服所采用的手工艺，包括作品的细节、数百小时的刺绣重工、量身定制的方式与小范围的客户圈层，同时也指创作中对创新技术的采用，及其所展现的全新可能。例如，在2015—2016秋冬高级定制服系列的创作中采用了3D科技，这无疑是一个掷地有声的案例。

“在时尚界，”拉格斐说道，“未来就是三个月后，再三个月后，再三个月后。”这位快言快语的设计师似乎为这种永无止境的创作而生，在开口前，永远已经有一个卓识，无论对谁说，总是比对方多两则远见。他持续地创新演绎，属意未来，切切实实地沿着他创作的脉络而行，或者按照他所谓的“提议”而行，如他所言：“我不分析自己做的事，我不由分说地做事。我总是在提议，我的生活是充满提议的生活。在任何情况下，在我的所有系列作品中，只有一个对我有意义，那就是下一个。”他从不保存任何东西，无需追忆任何事，永远都在重新“洗牌”：“我会把所有的东西都扔掉，一幢房子中最重要的家具就是垃圾桶！我不会保存自己的档案、手稿、相片、衣服，什么也不存！我是那种要去完成一件事而不是去记住一件事的人！”正是这种决心，让他拒绝配合策划有关自己职业生涯的回顾展，甚至不愿意去参观。这也许就是关于这位文化大师的终极悖论，从时间之布上裁剪而来：他不关心任何事，除了永恒的当下，除了当他坐下来手握铅笔开始描绘自己的设计，然后看着它由充满魔法的无形巧手，将其化为真正的作品。

维吉妮・维娅是他的得力助手，也是他的继任者。她来自一个法国丝绸制造商家庭，几十年间，她深耕于香奈儿工坊的幕后，协助品牌打造最华美的系列作品。1987年，维吉妮以实习生的身份加入香奈儿，很快便被指派负责与Lesage和Montex刺绣坊合作，她对此满心欢喜。正如她所言，“高级手工坊向我展示他们的精湛工艺，升华我们的作品。”她提及2002年首次创作的香奈儿高级手工坊系列，对她而言是最具神奇魅力的记忆之一。“如此简约，”维吉妮回忆道。“那场小型发布会在香奈儿沙龙——香奈儿女士的私人寓所进行，我喜欢那些镜梯……那儿所有的一切。第一个系列其实只有一件刺绣毛衣、一款半身裙与一条烟管裤，令人惊叹。对我来说，那就是可可・香奈儿的精髓所在。”

维吉妮回首这个意义独具的时刻，提炼出香奈儿女性的衣橱法则，并以此为灵感创作了她的首个高级手工坊系列——以香奈儿精品部创意总监的身份。负责高级定制服、高级成衣与配饰创作的维吉妮・维娅是自嘉柏丽尔・香奈儿（Gabrielle Chanel）本人之后，首位掌舵品牌时尚精品创作的女性。

* 卡尔・拉格斐每年为香奈儿创作10个系列作品，
其中6个系列会在时尚发布会的T台上展示。

系列作品

关于卡尔·拉格斐

撰文 / 帕特里克·莫列斯

1933 年 9 月，卡尔·拉格斐出生于汉堡一个中上阶层的家庭。他在出生地以及父母在石勒苏益格 - 荷尔斯泰因的庄园中度过生活优渥的童年与青少年时期。

1952 年，拉格斐前往巴黎并决定投身于时尚行业。1954 年，他设计的一款大衣获得了国际羊毛标志大奖（International Woolmark Prize），并由服装设计师皮埃尔·巴尔曼（Pierre Balmain）制作。21 岁那年，他成为巴尔曼的助理，为其工作三年，其后被任命为让·帕图（Maison Jean Patou）的创意总监。五年后，他成为一名自由设计师，在法国、意大利、德国与英国工作，不仅创作服装，也设计面料、鞋履与配饰。他与卓丹、克芮绮亚、马里奥·华伦天奴和卡德特等不同品牌合作，迅速成为高级成衣界的领军人物，而这一领域彼时正不断扩张，日益占据时尚行业的中心。

1963 年至 1982 年，以及 1992 年至 1997 年期间，拉格斐主要为蔻依品牌设计服装与配饰。1965 年，他在罗马开始与芬迪姐妹合作，革新时尚行业中皮草的创作，这一工作持续至他之后的整个职业生涯。1983 年，他被任命为香奈儿精品部创意总监，负责所有高级定制服、高级成衣与配饰的创作。三年后，他开始为其服务的品牌拍摄广告宣传大片及影片。

拉格斐的兴趣扩展至时尚行业的各个方面，包括香水。1975 年，他创作的蔻依香水大获成功。由此，他成为第一个没有建立自己个人品牌就推出香水的设计师。之后，他的香水作品包括 1978 年的男士香水 Lagerfeld pour Homme，1991 年的另一款男士香水 Photo，1998 年的 Jako 和 2008 年的 Kapsule。

直到 1984 年，拉格斐才推出以自己名字命名的高级成衣品牌，他同时为该品牌、香奈儿与芬迪创作。1998 年，这个拉格斐同名品牌改名为拉格斐画廊，然后在 2012 年被重新命名为卡尔·拉格斐，倡导一种通过线上购买，使奢侈品更易得的愿景。一个类似的策略便是卡尔于 2004 年为跨国连锁品牌 H&M 设计的胶囊系列，上市几天之内便销售一空。2014 年 3 月，他分别发布了一款男士香水与一款女士香水。

2010 年于纽约，拉格斐被美国时装技术学院授予“时装委员会时尚远见卓识大奖”（Couture Council Fashion Visionary Award）。2012 年，他在玛丽 · 克莱尔时装奖（Marie Claire Fashion Awards）中被评选为过去 25 年来最具影响力的设计师。在时尚领域之外，他还为米兰斯卡拉歌剧院、佛罗伦萨歌剧院、萨尔茨堡艺术节和蒙特卡洛歌剧院的歌剧和舞蹈剧目以及电影设计服装。与此同时，他还著有几本摄影书籍。

他是三部纪录片的主角：2007 年由鲁多夫 · 马康尼（Rodolphe Marconi）导演的《时尚大帝》（*Lagerfeld Confidential*），次年由蒂埃里 · 德梅齐埃（Thierry Demaizière）和阿尔班 · 特尔莱（Alban Teurlai）导演的《孤独的时尚大帝》（*Un Roi seul*），以及 2013 年由洛伊克 · 普里让（Loïc Prigent）导演的《卡尔 · 拉格斐自画像》（*Karl Lagerfeld se dessine*）。

卡尔 · 拉格斐生前亲自参与了本书的创作，这是第一本以如此宏大规模展现其作品的书籍。他于 2019 年 2 月离世，人们对他一生中的贡献与成就表达了无上敬意，毫无疑问，他是现当代时尚界最重要的人物之一。

“每个人都在谈论香奈儿”

“这就像一部旧戏重演，”在谈及为香奈儿设计的第一个时尚系列时，卡尔·拉格斐这么告诉苏西·门克斯（Suzy Menkes），“你必须试着用第一批观众的双眼去看，但不用太过毕恭毕敬。对年轻人来说，重要的是感受她的风格——这一定很有趣。”

“我们并不想在高级定制服或高级成衣的创作中，照搬香奈儿女士的设计。”卡尔·拉格斐向*VOGUE*杂志解释道，“我们希望在忠于某种传统的基础上，一点一点地改变。可可·香奈儿在她的时代是极具现代感的，现在我们想让香奈儿的形象再次引领潮流。”

“在香奈儿女士离世前的最后几年，品牌形象变得非常固化。”拉格斐告诉《女装日报》（*Women's Wear Daily*），“在回顾了她的整个创作生涯之后，我从中发现了一些非常有趣的事。”拉格斐从可可·香奈儿20世纪二三十年代的设计中汲取灵感（而不是更为大众熟知的20世纪50年代的作品），最终他设计的系列作品成为巴黎的谈资。*VOGUE*杂志写道：“每个人都在谈论香奈儿”。

拉格斐将他为品牌创作的第一个系列描述为“摩登而时髦的性感，不是那种拉斯维加斯式的外放的性感，新的剪裁比例更修长、更纤细。虽然香奈儿从来没有这样设计过，但这仍然非常符合她的风格，不是吗？”“这些天我就像一台植入了香奈儿模式的电脑。”拉格斐总结道。

“一切关乎奢华”

卡尔·拉格斐为香奈儿创作的第二个高级定制服系列在巴黎美术学院发布，他称其为“一切关乎奢华”。

从品牌历史和高级定制服工坊的非凡技艺中汲取灵感，拉格斐最终为本季打造了50多套造型，以不同色调、各式各样的剪裁演绎。为了解香奈儿女士如何为她标志性的套装制作袖子，拉格斐劝说可可·香奈儿的一位裁缝放弃退休。“它们由5个不同的裁片组成。”拉格斐语带钦佩地对《女装日报》说。

拉格斐忠于高级定制服的精神，采用奢华的材质，从平绒、精细的珠饰到华美的刺绣，其灵感来自可可·香奈儿个人收藏的巴洛克风格的物品和18世纪家具的精美图案。

《女装日报》总结道，拉格斐“在香奈儿原本的框架之上添加大量的装饰：皮草元素、皇冠形珠宝、费伯奇式的华美刺绣、长项链和腰带，他的‘新娘’甚至穿着香奈儿貂皮外套走向圣坛”。

77

“更轻快的节奏”

在为香奈儿品牌创作的第一个高级成衣系列中，卡尔·拉格斐继续重新诠释其标志性风格，使其更加轻快，更适合新一代的女性，并获得众多时尚评论家的青睐。

苏西·门克斯在《时代》(*The Times*) 杂志撰文称，这个系列是“一场炫目的香奈儿时尚发布会，拉格斐向我们展示的服饰令人耳目一新，充满香奈儿女士的品味与拉格斐自己的智慧”。*VOGUE* 杂志则称，这位设计师“抓住了香奈儿的风格精髓，以稍带轻快的节奏演绎，推动现代着装向前发展”。

本季，拉格斐采用令人意想不到的面料（尤其是蓝色牛仔面料）演绎经典的套装、日间长款连衣裙，甚至是与服装搭配的同一材质的帽子（这一设计在之后的品牌系列中再次出现，见 64–67 页和 130–135 页）。他的“轻快节奏”以运动风格设计诠释，例如一款香奈儿的机车外套（拉格斐在数十年后重新诠释了这一设计，见 300–303 页）。

山茶花与中国青花瓷

在这个系列中，卡尔·拉格斐继续创新演绎香奈儿的风格法则，特别是黑色蝴蝶结和白色山茶花（可可·香奈儿最钟爱的花朵）：蝴蝶结或如同颈链，或系在领口、上衣和半身裙上，甚至被用作腰带，而山茶花则被别在帽子、领口、围巾甚至发带上。

香奈儿套装呈现更为修长的廓形感，上衣剪裁至髋部，配套半身裙长至膝盖以下。晚装部分，呈现了亮眼的曳地长款礼服裙，由Lesage刺绣坊在其上绣以华美的中国青花瓷图案，拉格斐告诉《女装日报》，这个图案“来自萨金特（Sargent）的一幅画像”。

101

运动魅力

卡尔·拉格斐为香奈儿推出了一个舒适自在的时尚系列，着重于呈现创新演绎的奢华运动装，其中的主要作品被 *VOGUE* 杂志称为“整个巴黎最迷人、最具女性气质的长裤套装”。这种设计首次出现于拉格斐此前为香奈儿创作的高级成衣系列（见 30-31 页）。

20 世纪 20 年代，可可·香奈儿曾是奢华运动服饰领域的先锋。基于这一传承，拉格斐创作了一系列适合滑雪、曲棍球、钓鱼和打猎等活动的运动服饰，前卫而大胆。“在研究香奈儿对现代时尚所作贡献的过程中，我了解到香奈儿女士如何设计运动服装。”拉格斐对 *VOGUE* 杂志说道，“我想如果她还在的话，她也会做如今我做的这件事。”

“20 世纪 80 年代的身型”

香奈儿的经典套装在卡尔·拉格斐的设计中继续演变。通过剪裁比例的调整，使其更好地贴合当代女性的身型。“20 世纪 80 年代的身型与 50 年代迥然不同，”拉格斐对《女装日报》说，“（如今的女性）肩膀更宽，腰部更长，臀部线条更突出，并且拥有修长的双腿。”

本季，在拉格斐设计的新套装中，醒目的金色纽扣成为一个亮点，香奈儿传统的编结滚边设计却几乎没有出现。在晚装部分，拉格斐从罗曼诺夫家族华贵的家具及俄国沙皇的勋章中汲取灵感，设计出华美迷人的刺绣。

“水平式”外套

尽管可可·香奈儿对露出膝盖的厌恶众人皆知，卡尔·拉格斐依然坚定地将香奈儿经典套装带入迷你裙时代，继续着他对这一标志性服装的创新诠释。因为拉格斐认为：“女人既然可以露出肘部，那也可以露出膝盖。”他将他称之为“垂直式”剪裁的外套调整成长度更短、廓形更方的“水平式”外套，搭配贴身半身裙，呈现出“T”字形的造型。拉格斐将这一设计称为“对香奈儿经典设计概念的彻底颠覆”。

同时，他还将注意力瞄准T恤，这对于高级时装系列作品来说非同寻常。他打造奢华的黑色乔其纱与蕾丝T恤，将其改造为晚装作品。“我认为它是最容易穿的，”拉格斐对*VOGUE*杂志说，“T恤完全是属于现代的。当我开始为香奈儿创作时，我希望把最显眼的转化为最简约而又最奢华的，所以，为什么不设计一件蕾丝T恤呢？”

致华托的一曲赞歌

"有什么比华托（Watteau）的作品更法国？"卡尔·拉格斐如此问道。他以这一季香奈儿高级定制服系列向这位 18 世纪的画家致敬，采用其画作《雅宴》（*fêtes galantes*）中淡雅的色彩进行创作，并从意大利即兴喜剧角色中汲取灵感，特别是其中的皮埃罗（或"吉尔"），这一角色在华托的画作中反复出现。

尽管让 – 安东尼·华托（Jean-Antoine Watteau）的作品是华丽的洛可可风格的典范，但拉格斐却坚称："他完全没有那么繁复，如果你认真观察华托的画作，他是非常简约、非常纯粹、非常现代的。"他比照华托作品中的人物皮埃罗，重新设计了香奈儿经典外套的剪裁比例：肩袖缝位置较低的落肩设计，七分袖（搭配造型优雅的蝴蝶结，突显香奈儿风格）。

卡尔·拉格斐并不是将华托美学与香奈儿风格结合的第一人。1939 年，可可·香奈儿在艾蒂安·德·博蒙（Étienne de Beaumont）伯爵的化装舞会[纪念让·拉辛（Jean Racine）诞辰的拉辛舞会]上，就穿着一件受到华托作品《冷漠》（*The Indifferent*）启发而设计的服装，这样做或许是因为在舞会前几天，这幅画在卢浮宫被盗而引起了广泛关注。香奈儿非常喜欢这个造型，所以她在自己设计的一个系列中将其重新改造为一款套装，推出后，戴安娜·弗里兰（Diana Vreeland）立刻订购了红宝石色丝质天鹅绒的款式（而香奈儿女士自己穿的是黑色天鹅绒的款式）。

晚装是极尽奢华的，正如卡尔·拉格斐指出的那样，这一系列将"18 世纪的刺绣元素与 20 世纪 50 年代的名媛半身裙相融合"。伊娜·德拉弗拉桑热穿着的淡蓝色曳地长款连衣裙便是这种设计的风格典范，而杰瑞·霍尔（Jerry Hall）演绎的则是时髦的田园风格造型，在黄色束腰皮质外套下，搭配了一条鸽灰色粉彩连衣裙，令人惊艳。

日夜皆宜

“我喜欢在日装和晚装的设计中运用相同的元素……运动感可以是漂亮雅致的，反之亦然。”卡尔·拉格斐向《女装日报》介绍本季香奈儿高级成衣系列的重点：混搭不同的面料、廓形，从日间到晚间都适宜穿着。创新诠释标志性的香奈儿日装，让这些作品亦可以作为时髦的晚装。发布会 T 台的背景源于康朋街 31 号香奈儿精品店的外墙。

绉绸开襟衫或丝质 Jersey 针织面料晚装搭配黑色绉绸曳地长款半身裙，马球运动衫则搭配雪纺半身裙。此外，拉格斐还展示了黑色骑装外衣式晚装大衣，饰以金色纽扣和香奈儿链条。“骑装式大衣是最能修饰体型的廓形之一，”拉格斐对 *VOGUE* 杂志说道，“无论男女都很适合。”

收腰

本季，卡尔·拉格斐专注于腰部的设计：无论是标志性的香奈儿套装，还是双色羊毛 Jersey 针织面料连衣裙（呈现鸡尾酒晚宴套装、晚装连衣裙的幻象效果），都饰以不同设计的腰带，从金色链条款式到配以金色搭扣（通常点缀以双 C 标志）的黑色菱格纹宽腰带。

卡尔·拉格斐充分运用巴黎高级手工坊独一无二的精湛技艺，呈现拥有丰富刺绣的晚装作品，甚至用超过 19 万枚亮片在一款外套上绣出基里姆地毯风格的图案，刺绣作品皆由 Lesage 刺绣坊手工完成。刺绣坊的负责人弗朗索瓦·勒萨日（François Lesage）告诉苏西·门克斯"只有卡尔·拉格斐，或者偶尔还有伊夫·圣罗兰（Yves Saint Laurent）"会带着自己的灵感来找他。

米色与金色

在这个全新系列中，经典的香奈儿套装再度回归收腰的设计。奥斯曼建筑风格的发布会现场令人想起康朋街香奈儿总部的外墙（多年后，香奈儿在巴黎大皇宫的玻璃穹顶下完全复刻了这条著名的街道，见428-431页）。本季，香奈儿标志性的菱格纹手袋、山茶花、双色鞋以及珍珠等风格元素均出现在整体造型中。

修长的外套搭配简约的白衬衫、都市感短裤或露膝铅笔半身裙。系列廓形以品牌的标志性颜色——黑色、海军蓝、米色与白色演绎。款式多样的金色服饰珠宝作品，无论是系在腰间或用作项链的金色链条，还是超大的金色纽扣、腰带和引人注目的双C标志耳环，都与每套造型完美呼应。

海军蓝与纯白

本季高级定制服系列在巴黎美术学院发布，和前一季（见 52–53 页）一样，卡尔·拉格斐在设计本季的作品时不再强调肩线。他对《女装日报》说："巨大的垫肩被淘汰了，髋部的线条成为焦点。"《女装日报》描述，本季作品的关键词包括"一种重塑的廓形、略微拉长的腰线、丰盈感、长款半身裙、单色深色调，以及现代感与复古元素的混搭所呈现的对比魅力"。

配饰创作中亦有很多奇思妙想：双 C 吊坠手链、金色迷你香奈儿钱包或香水瓶造型的耳环吊坠、珍珠链条短项链，以及装饰以超大蝴蝶结的平顶硬草帽。T 台上甚至出现了一只戴着香奈儿菱格纹皮革项圈的拉布拉多猎犬，伴随着品牌的明星模特伊娜·德拉弗拉桑热（这只时髦狗狗的主人）一同出场。

缎带连衣裙

卡尔·拉格斐以香奈儿的作品演绎神似麦当娜（Madonna）、萨德（Sade）和蒂娜·特纳（Tina Turner）的形象，诙谐地开启了本季发布会，并向英国乡村风格致敬。修身落肩款式的千鸟格纹裤装套装，内搭是柔软的羊绒针织衫而不是衬衫，这些都是可可·香奈儿本人在英国和苏格兰度假时最喜欢的造型。

卡尔·拉格斐还创新诠释了可可·香奈儿最具女性柔美气质的作品之一——缎带连衣裙，赋予其全新演绎，将黑色缎带经过裁剪后装饰于领口和下摆处，并点缀以黑色缎带制成的山茶花。

无纽扣套装

卡尔·拉格斐令香奈儿经典套装更具轻盈活力，去掉了常见的金色纽扣，取而代之的是一款“无重量”、无衬里的外套，穿在身上就像一件开襟毛衣，内搭同款材质的衬衫或简约的黑色 T 恤。

在这个发布于巴黎美术学院的系列作品中，拉格斐探索了 A 字裙，展示了华美的晚装，包括短款裙撑式连衣裙。

卡尔·拉格斐决意要将这个系列划分为“时髦与经典，因为今天的生活便是如此”。他确实这样做了，在作品中加入了“凯迪拉克时尚”的元素，正如《女装日报》所言。例如，一款装饰以链条的皮质连衣裙搭配红白蓝色调的香奈儿经典外套，伊娜·德拉弗拉桑热以极具摇滚精神的姿态，将这件外套丢向现场嘉宾。

全新香奈儿五号

恰逢香奈儿五号香水发布之际，本季系列作品向这款世界闻名的香氛致意。几十名模特的造型神似电影《筋疲力尽》(*Breathless-era*) 中的珍·茜宝(Jean Seberg)，走在T台之上，向观众派发《先驱论坛报》(*Herald Tribune*)，在该报纸的彩印增刊上，刊有一篇卡尔·拉格斐撰写的关于香奈儿的文章，以及香奈儿五号香水的新广告形象代言人卡洛尔·布盖(Carole Bouquet)的照片，她还出演了由雷德利·斯科特(Ridley Scott) 拍摄的广告影片。可可·香奈儿的幸运数字"5"点缀着系列作品:从超大号镀金吊坠耳环，到项链吊坠，再到铐式手镯和珠宝腰链。

在这个系列中，标志性的套装以方形廓形呈现，搭配同材质的紧身羊毛半身裙。卡尔·拉格斐还以黑白条纹图案装点帽子、白色牛仔面料连衣裙、平底鞋和靴子，为其增添雀跃的活力，拉格斐称这一造型有着"摇滚风格的浪漫"。

牛仔面料是本系列的另一个风格关键词，印有山茶花图案的棒球帽与大衣式宽摆连衣裙均用牛仔面料演绎。"牛仔面料就是 20 世纪 80 年代末的 Jersey 针织面料，"卡尔·拉格斐宣称，"它将会像 Jersey 针织面料一样流行并历久弥新。"

“抛物线”半身裙

本季高级定制服系列作品于巴黎美术学院发布，T 台背景令人意想不到：一尊伊娜·德拉弗拉桑热的雕像，像是双翼张开的胜利女神般矗立，一只手拎着香奈儿的菱格纹手袋，另一只手则高举一朵山茶花，这是在向新近开放的奥赛博物馆及其杰出的雕塑艺术收藏品致意。

卡尔·拉格斐创作的新廓形也同样令人惊叹。“时尚是一场关于比例的游戏。”拉格斐在介绍他的全新迷你套装（格纹羊毛短俏外套搭配同材质贴身连衣裙）时如此说道。他还介绍了全新的“抛物线”半身裙设计：短款晚装连衣裙正面平坦利落，而在背面以层叠薄纱与褶饰呈现丰盈量感，尽显灵动。《女装日报》将其形容为“鸭尾衬裙”。“我喜欢具有视觉张力的丰盈量感。”拉格斐解释道，“它一点也不死板，你可以玩味这种设计，就像剪头发。”“20 世纪八九十年代的高级定制服不是为博物馆准备的，而是为生活、乐趣、为打造形象而创作的。”他总结道。

羊绒与乙烯基

卡尔·拉格斐继续传承创新香奈儿，为品牌创作了一个自由奔放、青春飞扬、大胆不羁的系列。经典的香奈儿外套以亮色调的斜纹软呢、菱格纹皮革（搭配同材质的太阳眼镜）和流苏羊绒创新诠释，并搭配迷你半身裙。

他创作的短款露肩鸡尾酒礼服裙将光亮的乙烯基材质黑色条纹与黑色薄纱褶饰相结合，而香奈儿半身裙则以全新的剪裁比例演绎，以品牌标志性的链条为背带，甚至能够作为一款连衣裙穿着。“我喜欢让事物呈现出与之前完全不同的使用方式。”拉格斐说道。

CHANEL

歌剧风格时装

1987 年，让·巴普蒂斯特·吕利（Jean-Baptiste Lully）于 17 世纪创作的歌剧《阿提斯》(*Atys*)在凡尔赛宫的皇后剧院上演。卡尔·拉格斐以此为灵感创作了全新一季高级定制服系列，作品中运用了大量奢华的 Lesage 刺绣。

适合日间穿着的香奈儿套装以一种全新的椭圆形曲线创新演绎：高腰外套，纤腰丰臀。外套搭配迷你裙、超大碟形帽和以皮草滚边的同材质手笼。在晚装部分，卡尔·拉格斐展示了华贵的金色刺绣露肩罩衫，在短款鸡尾酒连衣裙的髋部点缀以华美面料制作的长长的褶饰，或为贴身抹胸式连衣裙配以拖裾，让作品呈现极具戏剧张力的“凡尔赛”效果。

云朵与山茶花

在布满奶油色香奈儿云朵，犹如剧院般的现场，卡尔·拉格斐发布了新一季的高级成衣系列，以大胆不羁的方式向山茶花致意。可可·香奈儿最钟爱的花朵被设计师创新演绎，化为开襟针织衫上的超大白色胸针、T恤、腰带、项链与帽子上的黑白印花图案，以及与黑白条纹形成鲜明对比的多彩印花，点缀于及地连衣裙、短款半身裙、手袋、雨伞与鞋履上。

日装呈现了一系列粉彩色调的羊绒毛衣与套装夹克（搭配同材质帽子、迷你手袋和平底漆皮玛丽珍系带鞋）。晚装部分，拉格斐则打造了浅粉色荷叶边吉普赛短裙和连衣裙、优雅的黑色尚蒂伊蕾丝迷你裙，搭配羊绒上衣和塔夫绸大衣。

CHANEL

阔边帽与伞状半身裙

在为香奈儿创作了一个色彩斑斓、奇思妙想的高级成衣系列（见 76–79 页）后，卡尔·拉格斐又以香奈儿标志性的黑色、海军蓝和白色打造了一个优雅沉静的高级定制服系列。“你不能总是伴随着同一段音乐舞蹈。”他解释道。

本季，香奈儿套装呈现为臀部抽褶或饰以柔软褶裥的伞状半身裙搭配合身外套，打造出易于穿着的廓形，搭配极富视觉张力的阔边帽。格纹外套点缀以蕾丝，增添浪漫气息。浅色的斜纹软呢套装则绣以 18 世纪风格的花环图案，并以罗缎滚边。

晚装设计中，拉格斐从第二帝国宫廷画家弗朗兹·克萨韦尔·温特哈尔特（Franz Xaver Winterhalter）的作品中汲取灵感，运用露肩、高腰、宽下摆、薄纱、褶饰和蕾丝等设计元素，呈现极具温特哈尔特风格的连衣裙。

斜纹软呢与格子花纹

在介绍他为香奈儿创作的全新高级成衣系列时，卡尔·拉格斐说："我已经去掉了所有噱头，但它们不会因此索然无味。"

本系列作品展现了香奈儿贝雷帽、搭配黑色蕾丝上衣和天鹅绒紧身胸衣的红绿格纹半身裙、与舒适的羊绒开襟衫和彩色围巾搭配的阔腿裤等作品，令人想起可可·香奈儿在 20 世纪 20 年代与西敏公爵（Duke of Westminster）以及她的朋友薇拉·贝特（Vera Bate）在苏格兰度假时拍摄的照片，当时可可穿着精美的斜纹软呢套装。这个向苏格兰致意的 20 世纪 80 年代系列作品，远比卡尔·拉格斐特别为爱丁堡创作的香奈儿系列作品（见 532–537 页）更早。

莎士比亚式香奈儿

卡尔·拉格斐以伊丽莎白时代的风格为灵感创作了本季秋冬高级定制服系列，在香榭丽舍剧院发布。“本系列源于 16 世纪，受些许莎士比亚风格的启发。”设计师说道。

“卡尔·拉格斐对最近在伦敦皇家学院举办的‘骑士时代’展览赞叹不已”，*VOGUE* 杂志写道，“他将‘中世纪元素’转化到他的香奈儿系列作品中：朱丽叶式的低领口黑色连衣裙，绣以金色链条、饰以普鲁士花边的天鹅绒连衣裙。”

本系列亦展现以全新剪裁比例演绎的套装：收拢腰身的外套搭配黑色长款半身裙、金色链条腰带，帽子下的薄纱围巾则围绕头部作为装点。晚装呈现了黑色、红色或紫色的薄纱裹身连衣裙、及地天鹅绒连衣裙和饰以褶皱、刺绣、荷叶边的外套，包括配以中世纪风格领口和袖口的奢华天鹅绒刺绣外套，由伊娜·德拉弗拉桑热穿着演绎。

本系列的每个造型都以莎士比亚作品中的角色命名，呼应着莎士比亚作品的主题，一款“奥菲利亚”新娘造型的垂褶长款白色连衣裙为发布会画上完美句号。

可可在比亚利兹

本季，卡尔·拉格斐从 20 世纪 20 年代的比亚利兹汲取灵感，带着香奈儿回到巴斯克海岸。可可·香奈儿于 1915 年首次造访了这个著名的海滨度假胜地，并于同年在面向赌场的奢华别墅中开设了她的个人品牌时装屋。这一举措立即大获成功，来自比亚利兹（自 19 世纪以来一直是俄罗斯贵族的时尚度假胜地）和西班牙（作为邻国的西班牙在第一次世界大战期间保持中立）的富人们都争先恐后地前来订购香奈儿极富前瞻理念的作品。

拉格斐对比亚利兹风格的创新诠释（他称该系列为“20 世纪 80 年代的比亚利兹”）以肩线柔和的套装为特色——“我对垫肩感到厌烦，”他对《女装日报》说道，“它并不无聊，我们都知道如何把它设计得有噱头。这种设计确实有趣，但如果每个人期待每季都看到它们，就会变得有点无聊。”系列作品呈现了修长的低腰外套，搭配线条流畅的阔腿裤与带有褶饰的半身裙，以及水手领、阔腿短裤、圆领毛衣等设计，以非常具有航海风格的色调演绎。

致敬南希·库纳德

本季，卡尔·拉格斐展示了一个流畅而轻盈的系列，其灵感源于 20 世纪 30 年代南希·库纳德（Nancy Cunard）所穿的饰以珠宝和精妙垂褶的度假风格连衣裙。根据 *VOGUE* 杂志的报道，拉格斐以这个系列致意这位独特的时尚作家、女继承人和政治活动家。

“每件作品都极致轻盈和流畅。”拉格斐向《女装日报》介绍他设计的“感性而脆弱”的廓形时说道。“略微宽松的剪裁线条，但不会遮盖身形之美。”他继续说道，“下摆较长，我喜欢长款廓形，短的对我来说不合适……我设计的大部分长裙都展现轻透的层叠感。”他又补充说道：“我不能说长款是未来长期的时尚，时尚没有长期这件事，它不是一成不变的。”

褶饰是拉格斐为品牌设计的下一季系列的关键元素（见 98–101 页），亦出现在这个系列中，以柔软的面料（雪纺和乔其纱）演绎褶裥半身裙。半身裙和连衣裙搭配优雅的平底鞋，配以腰带（系于髋部，打造出《女装日报》所描述的“幻象腰身”：高腰设计搭配低垂的腰带）或装饰莱茵石，拉格斐将莱茵石点缀于丝缎或丝质雪纺连衣裙上，以增加垂坠感或强调腰部线条。

迷你束腰外套与奢华紧身裤

本季，卡尔·拉格斐不再创作长裤，而是选择以双排扣大衣、幻象针织衫和长款开襟羊毛衫款式外套（以“修长而温柔”的廓形、收紧的肩线和灵动的腰线重新诠释）搭配迷你束腰外套和紧身裤。他称罗纹紧身裤是“20 世纪 90 年代的长裤”，认为“它们比普通长裤更能修饰腿型”。

本季亦推出了众多配饰作品，胸针、项链与佩戴于髋部、环环相扣的金色腰带，层叠点缀于褶饰无袖衬衣、衬衣式低腰连衣裙、短款或长款的晚装连衣裙上。本季作品皆以柔软的面料打造，如薄纱和乔其纱，将褶饰细节和垂坠感相结合，“因为它们的透明度诱惑着我。”拉格斐告诉*VOGUE* 杂志。

源自未公开之作

本季高级定制服系列在巴黎特罗卡德罗地区的夏悠宫呈现。拉格斐的灵感来自可可·香奈儿创作的一件未公开的作品：一款外套，这是1939年系列作品中的关键之作，但因为第二次世界大战的爆发而未能发布。

基于香奈儿女士的设计，拉格斐诠释的版本不再采用他之前系列的方形外套和短裙，而是缩紧肩线与腰线，从髋部开始采用伞形剪裁。系列外套贴合女性身体曲线，并表现出更为玲珑的轮廓感，这是因为女性“可不想看起来像她们的男朋友”，设计师对 *VOGUE* 杂志介绍道。

“一切魅力源于缝线中，度身而制，全然体现高级定制服的精神，”拉格斐解释道，“并不是显得俗气的性感曲线，而是精妙而考究的那种。”这些外套搭配柔软的薄纱和乔其纱半身裙，白天和夜晚皆宜穿着（“女性在夜晚也想要一种轻松的感觉。”拉格斐说道）。同时，不论是织金纺缝外套，还是饰以镀金刺绣的奢华黑色天鹅绒外套，皆体现出本系列作品鲜明的金色主题。

金色绳索

卡尔·拉格斐以黑色、白色和金色呈现了一个系列作品，用柔美、轻盈和闲适的廓形开启全新的年代。“在 20 世纪 90 年代，生活不会再那么一板一眼，所以服装也必须做出改变。”拉格斐对 *VOGUE* 杂志说，“如今，动感和自由是时尚界最重要的两个词汇……90 年代的身体和服装，都基于个人精神的自由。”

“束手束脚的 20 世纪 80 年代已经结束了。”拉格斐如此宣称。本季出现了柔软的乔其纱和雪纺套装，剪裁突出流畅的线条感与垂坠感。“没有什么比一块未经修饰与剪裁的面料更美，但既然你不能把这样的面料直接穿在身上，那么就退而求其次，让面料简约地垂坠于身体也很好。”他说道。“合身的造型，但绝对不会太紧，”设计师补充说，“我处处都在玩味非对称的设计。”

白色，以及一系列点缀有珍珠的奶油色调套装的设计灵感都来自他的乡村度假寓所 Le Mée 中的室内装饰。*VOGUE* 杂志透露 :“他在寓所的装饰中大量使用了白色，由艾尔西·德·沃尔夫（Elsie de Wolfe）及西莉·毛汉姆（Syrie Maugham）设计。”“这一切都始于我买了两盏由法国设计师塞尔日·罗奇（Serge Roche）设计的白色石膏棕榈树灯，它们是在 1935 年由艾尔西·德·沃尔夫委托设计的。”拉格斐说，“如今我的心境被巴洛克风格的超现实主义所影响。”

通过本季鲜明醒目的超大金色绳索设计，这种心境可见一斑（据拉格斐说这会让他想到故乡汉堡）。这些金色绳索取代了经典的香奈儿链条设计，贯穿整个系列作品，被当作项链、腰带、手链、手袋背带、胸针及耳环佩戴，其中一些款式镶嵌以珍珠，极富视觉张力。

套装款式连衣裙

香奈儿在新十年的首个高级定制服系列呈现一种利落纯粹、画面感十足的日装廓形。肩线收紧的外套主要以黑白色调演绎，亦包括一些粉色款式。

拉格斐推出创新之作："套装款式连衣裙"，"比经典的大衣式连衣裙更具曲线美感"，*VOGUE* 杂志写道。这种被拉格斐称为"一体成型"的廓形柔和而合身，需通过"绕身式"剪裁实现，"环绕身体"的缝线达到收束效果，并搭配以极富视觉张力的宽檐帽。

晚装部分则以蕾丝突出轻透感，例如搭配黑色丝质透纱罩衫的黑色尚蒂伊蕾丝胸衣。系列晚装廓形与点缀珍珠的超大金色手镯、耳环和短项链搭配。

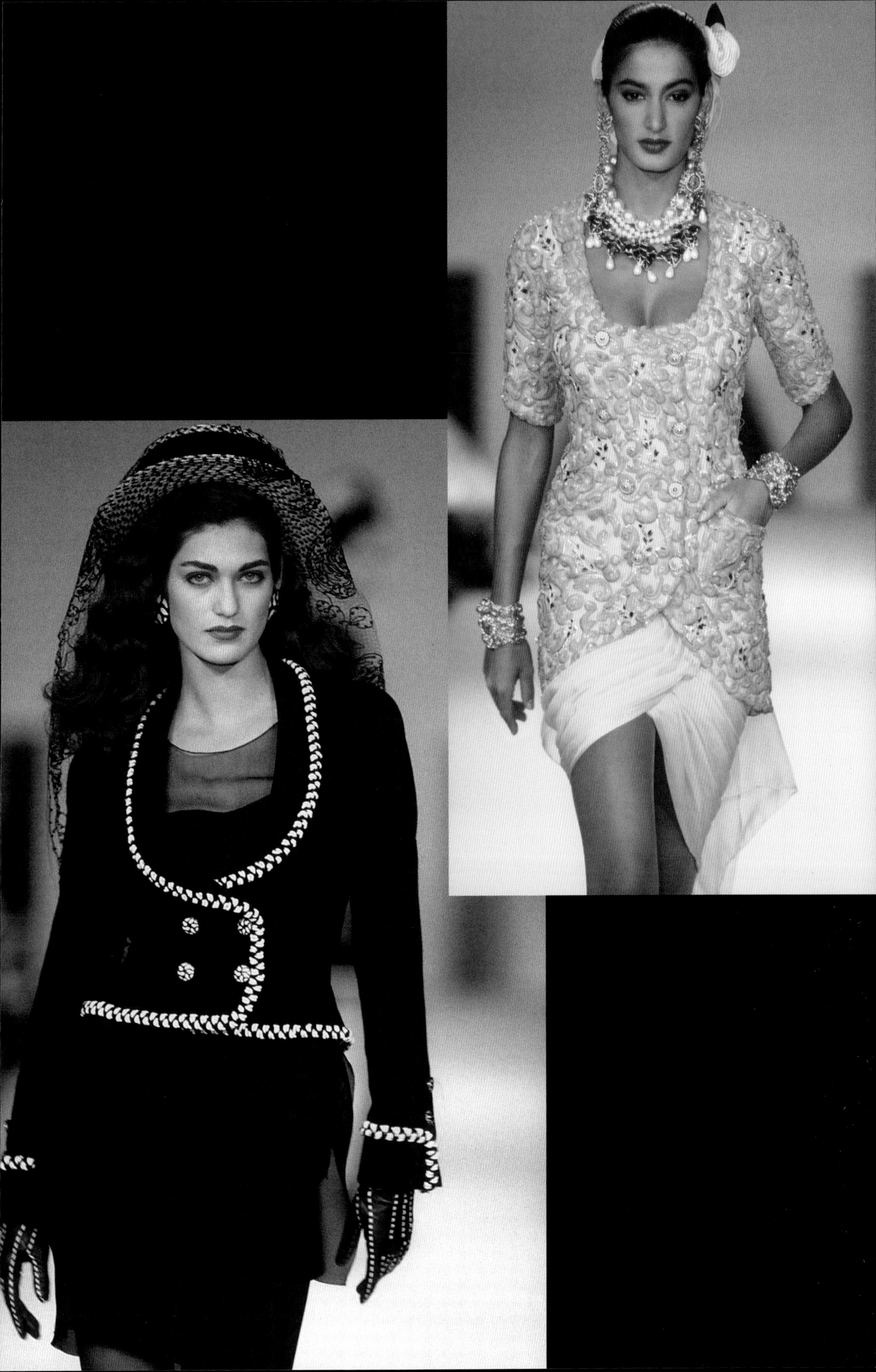

创新演绎香奈儿手袋

在这个系列作品中，拉格斐以多样的面料、造型与比例，创新演绎经典的香奈儿菱格纹手袋。一个巨大的复刻版黑色经典手袋造型成为本季发布会的 T 台背景，而置于每张座椅上的媒体宣传资料包则呈现链条手柄款式天鹅绒手袋的造型，进一步突出本系列的重点。

香奈儿经典手袋以不同的设计呈现，包括超大款式、天鹅绒、皮革、亮色款以及超细长的款式（这是对法国著名的长棍面包的诙谐致意）。设计师甚至将帽子设计成手袋造型。

拉格斐继续着他对夸张的金色珠宝（见 106–113 页）的热爱，他设计的镶嵌宝石的大号链条，既可以作为腰带垂坠于髋部，也可以作为金色手镯、胸针和耳环，形式多样而自由。

拉格斐还设计了高级时装版本的带有金色纽扣的派克大衣，奢华的绗缝装饰大衣，缎面滚边的米色丝质连帽大衣。香奈儿派克大衣的灵感源自苏珊·古特弗伦德（Susan Gutfreund），拉格斐对 *VOGUE* 杂志介绍道："对我来说，她是一位风格鲜明的女性。她在巴黎的整个冬天都穿着黑色派克大衣，所以我想，为什么不推出一个香奈儿的版本？"

套装与长靴

卡尔·拉格斐把这个系列作品称之为“麦当娜与杰恩·赖特斯曼（Jayne Wrightsman）的结合”。发布会在爱丽舍宫举行，品牌在现场铺设了摄像机轨道，记录下这一历史时刻。

本季，拉格斐展示了无懈可击的落肩剪裁套装。“稍微带点垂坠感，却非常合身，否则便不能称之为高级定制服了。全新设计的外套还能让你的身形看起来更加曼妙。”拉格斐对《女装日报》说道。系列外套的衣长各异，搭配短款连衣裙，以及斜纹软呢、天鹅绒或金色刺绣款式的高筒骑兵长靴，刚好遮盖了可可·香奈儿认为是丑陋的膝盖（这是她反对迷你裙潮流的原因之一），这样的造型对香奈儿来说是罕见的。

最具戏剧张力的设计是一系列珠饰晚装连衣裙，被设计师称为“家庭晚宴礼服裙”，以金色刺绣的丝缎打造，搭配迷你半身裙。“我设计了一些适合家庭晚宴的连衣裙，很像浴袍的大衣，内搭性感的短裙……这样设计的理念就是你可以只穿这一件就好。”拉格斐说道。

这些奢华的服装点缀着华美的珠宝纽扣，拉格斐指出：“它们看起来就像迷你法贝热彩蛋珐琅钟，这种工艺令人惊叹。”同时，这季造型还搭配了动物主题的珠宝胸针，包括鳄鱼、乌龟、蜜蜂或蜥蜴，其上以亮色宝石镶嵌马赛克风格的图案，这与拉格斐之前为品牌创作的马赛克图案的珠宝（见 114–117 页）相呼应。

“都市冲浪者”

在这个色彩缤纷的春季系列作品中，卡尔·拉格斐机敏而趣致地创新诠释香奈儿经典元素：标志性的山茶花以超大款式呈现，化为模特头上的一抹亮色；珍珠与彩色珠串叠搭于浅色衬衣之上，或化作装饰紧身裤及骑行短裤的腰链。

香奈儿的菱格纹手袋无处不在，搭配香奈儿套装、沙滩装及时髦的香奈儿紧身衣。拉格斐推出一种全新的造型，他称之为“都市冲浪者，因为不论是在巴黎、罗马，还是在伦敦或纽约，这个造型都可以完美地融入当地的夜生活。”冲浪这一灵感在他后来为品牌创作的 2003 春夏高级成衣系列（见 314–315 页）中再次演绎。“外套可以混搭一切单品，无论是紧身裤还是雪纺短裙，是一种非常好的造型方法。我只是借用了冲浪者的运动风格，点缀加州海浪般的彩色亮片，然后将其呈现出来。琳达·伊万格丽斯塔（Linda Evangelista）手中的冲浪板，是为了给整场发布会增添一些幽默和趣味。”拉格斐对 *VOGUE* 杂志说道。

可可·香奈儿在 20 世纪 30 年代设计的著名的层叠式及地“吉普赛风格连衣裙”，在 90 年代得以创新诠释，更具运动风格与性感气息，并且可以变换穿着方式：裙子以一条宽缎带固定于腰间，模特在发布会结束时将其解开，露出内搭的黑色紧身衣。

珍珠、丝绸与摄像机

这一季奢华的高级定制服系列作品呈现了大量的丝绸、薄纱、珍珠及造型鲜明的珠宝首饰，以香奈儿标志性的黑色、白色及海军蓝演绎，同时以粉色和黄色加以点缀。

本系列作品着重强调华美的套装及晚装，融合了拉格斐在之前的高级成衣系列（见122–125页）中使用的一些元素，他将这些元素处理得更为低调优雅，以高级定制服的精神演绎。超大朵的山茶花不再是新奇的头饰，而是套装外套上的点缀。在上一个系列作品中可解开变换穿戴方式的半身裙的启发下，创作出本季的欧根纱围裙式半身裙，不再搭配紧身衣，而是与香奈儿经典套装搭配。“我称之为飘逸的圆顶形裙，”设计师告诉《女装日报》，“它强调腰线，并在髋部呈现蓬松感。”

除此之外，本系列还有许多当代元素的设计，包括点缀飘逸亮粉色缎带的褶裥半身裙（这一设计被拉格斐称为“飘逸的苏格兰裙”，他告诉*VOGUE*杂志：“这款缎带装饰的罗缎套装由人造纤维及棉质缎带打造，面料本身并不昂贵……令其物超所值的是其制作工艺。”一款搭配飘逸半身裙的缎带装饰套装需要花费190个工时来制作），模特们手持最新款摄像机走上T台，以及化身为摩登再婚新娘的琳达·伊万格丽斯塔在一个小男孩的陪伴下登场，为本场发布会画下句号。

“说唱新星”

“新的规则就是没有规则。”卡尔·拉格斐向*VOGUE* 杂志如此介绍这一季作品，并将其称为“说唱新星”。“如今，能够俘获人心的风格意味着要对既定标准进行现代的、彻底的反思。”设计师继续说道，“我们必须让时尚突破其边界，可以在日装创作中采用有弹力的织金面料，或者为雪纺连衣裙搭配皮质机车外套……我认为，可以在创作中加入一点点粗犷的元素，能够反映当今世界跨文化的现状，能够为时尚带来一些活力，这是一种全新的能量，就像为平淡的食物添加调料一样。”

经过对高级时装既定标准的认真审视与重新思考后，本系列发布会以一系列牛仔面料作品拉开序幕：磨边牛仔面料半身裙、牛仔面料滚边的斜纹软呢套装、斜纹软呢滚边的牛仔面料套装、晚装搭配牛仔裤，甚至还有牛仔面料的靴子。拉格斐说道：“香奈儿女士自己做过比这个更前卫大胆的事：使用男士内衣的面料来制作 Jersey 针织面料连衣裙，那么为什么不能使用牛仔面料呢? 除了我之外，每个人都在穿。”

设计师创新诠释此前高级定制服系列作品（见126-129 页）中的缎带半身裙。本季该款式以不同的色调与裙长演绎，甚至展示了在渔网连身衣外搭配大量金色链条的透视“裙”。

皮革是本系列的另一个风格关键词。说唱音乐风格的绗缝便帽、黑色皮革胸衣、皮革短外套以及绗缝皮革外套与雪纺、罗缎、塔夫绸面料的晚装连衣裙搭配。

同时，拉格斐还举办了一场超大金色配饰的狂欢。“对于配饰来说，请忘记‘优雅’、‘出众’、‘得体’这些词汇。我要颠覆这些经典的香奈儿语汇。”拉格斐对 *VOGUE* 杂志说道，“选择金属链条与腰带，从早到晚都可以佩戴。”

发布会现场设计本身也被改造：T 台末端安置了一块电子广告牌，伴随着电影《黑街神探》（*Shaft*）和《天生狂野》（*Born to be Wild*）的主题曲，滚动播放着诸如“炫彩斜纹软呢”和“系好安全带”等信息。

CHANEL

CHANEL

CHANEL

薄纱盛宴

卡尔·拉格斐为香奈儿创作的全新系列在巴黎美术学院发布。本系列如羽毛般轻灵，是对黑色丝质薄纱这种独特面料的赞颂。这种面料无法以一般的制作工艺打造，由法国里昂的一间工坊特别为香奈儿制作。法国里昂在丝质面料制作工艺上的声誉可以追溯到几个世纪之前。

设计师在外套、连衣裙、半身裙及大衣的设计中均大量采用黑色薄纱面料。“最大的优点在于，其为真丝材质，能在非常保暖的同时还极度轻盈。”拉格斐对《女装日报》说道。他说，垂坠感十足的薄纱大衣和皮草一样温暖。

“穿着这样轻盈、带有褶饰的薄纱，仿若漂浮于云端。”拉格斐说道。他将系列作品中这一极具空气感与优雅气息的廓形称为“都市芭蕾舞者”。“这是为都市中的芭蕾舞者设计的作品，她们从日常生活的沉闷中轻巧脱身，漂浮于神秘之中。”他说，只不过她们穿着的不是芭蕾舞鞋，而是平跟的透明塑料靴子。在《为行走而生的靴子》(*These Boots are Made for Walking*)的混录版说唱乐中，模特们款款而来，走上T台。

女帽设计师菲利普·崔西(Philip Treacy)也创作出极富视觉张力的帽子。她以薄纱为焦点，搭配羽毛或塑料，打造出诸如“香奈儿帽笼”、“维京人”(用两朵山茶花将羽毛“触角”固定于帽顶)及“透视”(使用透明塑料帽檐)等令人惊叹的作品。

“迷幻森林之旅”

远在香奈儿发布以农场为灵感的系列作品很多年前，卡尔·拉格斐就已经开始从自然界中汲取创作灵感，例如蘑菇造型的手袋、盛满浆果的草编帽、金色无花果叶腰链装饰（如亚当、夏娃一般）、树枝造型项链、捧于胸前的麦穗（可可·香奈儿的幸运象征符号之一）以及常春藤与山茶花编制的花环等作品。“这是我迷幻森林之旅的一部分。”拉格斐说道。

当然，香奈儿标志性的套装并未被遗忘。“你可以用短款合身外套搭配长款修身裙，打造出时下最新的造型比例。”设计师对*VOGUE*杂志如此说道，“唯有当下，这种感受更为自然……以一件男士背心打底，更实穿、更接地气。这也更加摩登，同时依然符合某种生活方式。”

I LOVE
COCO

“被重构的裙子”

在本季高级定制服系列中，卡尔·拉格斐颠覆经典的香奈儿风格法则。香奈儿外套以贴身的剪裁呈现，就像手套与手掌般紧密贴合，并配以超大纽扣，这意味着它只能从后背拉上拉链。“当紧身外套的纽扣如此大时，你是很难扣上它的。”设计师对 *VOGUE* 杂志说道，“我希望呈现的廓形是紧身且利落的，搭配长款半身裙，尽可能地露出双腿。”

搭配长过膝盖的半身裙，这样的廓形具有“魔鬼般的身体意识”(拉格斐说:“采用弹性面料的长款廓形是当下最热门的时尚……不需要迷你裙了”)。这一廓形以紧身、开衩、配以拉链的设计演绎，甚至还有破碎效果的款式，例如不规则裙摆的雪纺半身裙、欧根纱半身裙，被拉格斐称为“被重构的裙子”，其灵感来自一本他最喜欢的书:《毁坏之趣》(*Pleasure of Ruins*)。

经典的香奈儿面料亦获得创新演绎。亮色珠片与酒椰纤维打造的外套，呈现出斜纹软呢的效果，并配以皮革编结滚边(拉格斐称之为“皮革蕾丝”)。在本季系列作品中，皮革替代了经典的香奈儿金色链条元素，呈现大量皮革流苏装饰，甚至还有皮质高腰牛仔裤。

珍珠元素也从本季T台上消失，取而代之的是彩色琉璃珠。“云状”帽、饰以角斗士花边的软木厚底鞋尽显视觉张力，同时消解了廓形的严肃感。

皮革造型

卡尔·拉格斐继续探索上一个系列作品（见 148-153 页）的主题，尽管上一季高级定制服系列的风格更为沉静。本季，他再次运用了纯粹装饰性的超大纽扣（许多套装在侧缝装有拉链），以及最重要的元素——皮革。

皮革元素以红色或黑色演绎，在本系列中随处可见：从手提箱大小的菱格纹手袋，到及地大衣、紧身连衣裙、套装外套、直筒裙、连身裤、修身长裤，以及印有香奈儿标志的拳击装备。甚至是经典的斜纹软呢外套也以这种风格重新诠释，或以机车夹克的款式演绎，搭配黑色皮质半身裙，或配以皮革背心、袖子、翻领。

伴随着高音量的迪斯科音乐——从唐娜·莎曼（Donna Summer）、斯莱兹姐妹（Sister Sledge）、阿巴乐队（ABBA）到作为谢幕曲的《王朝》（*Dynasty*）主题曲，拉格斐还展示了紧身的金色丝质连衣裙、衬衫和裤装，搭配对襟洛登大衣，以及灵感来自巴伐利亚军装样式的外套。

当 1930 遇见 1970

拉格斐从 20 世纪 30 及 70 年代中汲取灵感，推出了一季前卫大胆的高级定制服系列作品，《女装日报》称之为“当杰克逊·波洛克（Jackson Pollock）遇见詹尼斯·乔普林（Janis Joplin）”。“它同时具备了两个年代的感觉，不仅有 20 世纪 70 年代的无畏和纯真，也展现了 20 世纪 30 年代大胆的表现主义。”他对 *VOGUE* 杂志说道，“如今我们的社会有太多旁观者，基于这种情况，这两个年代对于自我表达的渴望就愈发动人。”

简约的廓形贯穿本系列，“要么非常修身，要么就是宽松和飘逸的……造型的趣味则来自配饰。”拉格斐补充道。他要求女帽设计师菲利普·崔西创作出“看起来像孩子玩闹时自己做的”帽子，并设计了一系列剪裁精致的外套作品，包括长款、短款、礼服式大衣、方形或紧身的款式。“你需要一件外套，就像你需要一间房一样，其他的都可有可无。”拉格斐说道。

斜纹软呢运动鞋、漆光手绘假发及香奈儿喷绘手袋绽放异彩，发布会压轴的作品被《星期日泰晤士报》（*The Sunday Times*）称为“一场令人目眩神迷的蒙太奇，由刺绣与拼布贴花天鹅绒套装及连衣裙组成”，或者如拉格斐对杂志所说，刺绣的设计看起来就像“圣诞节后富裕人家垃圾压实机里面的样子”。“你必须放开手试一试，否则就没有乐趣了。”设计师总结道。

高级时装内衣

卡尔·拉格斐以香奈儿风格创新演绎女士内裤，在内裤腰部印有“CHANEL”字样。“女人已经偷走了男人的一切，为什么不能偷走他们的内衣呢？”设计师对《女装日报》说道，“另外，这是最让人感觉舒适的款式……洁白、干净、清新……我们不能被黑暗与阴郁笼罩。”

设计师还设计了长至髋部的束身衣，搭配以波蕾若短外套及白色亚麻阔腿裤（长裤的设计灵感来自可可·香奈儿在西敏公爵的游艇上度假时拍的照片）。拉格斐补充道：“本季服装只是呈现当下的潮流，就好像可可现在是25岁一般。”

PARIS
CHANEL

CHANEL
CHANEL

CHANEL
CHANEL

TAILLEUR 与 FLOU 高级定制服工坊

在这个高级定制服系列作品中，卡尔·拉格斐将浪漫的雪纺与轻薄的斜纹软呢结合，将其形容为“闲适的奢华，而无任何夸耀之气。”

这是“Tailleur 与 Flou 高级定制服工坊的联手之作，轻灵的斜纹软呢外套搭配印花连衣裙，轻透感十足。”设计师解释道，“我将 20 世纪 50 年代那种腰线非常贴身的‘重廓形感’外套，与 30 年代柔软舒适的‘轻廓形感’连衣裙结合在一起。”

连衣裙搭配玛瑙或水晶打造的十字架。设计师还在其晚装设计中加入了一个出人意料的元素：塑料，呈现趣致俏皮的透明胸衣、束身衣以及金光闪闪的长款围裙装。

白衬衫与靴子

“你必须注意，不要过多采用街头(风格)，因为一切开始看起来越来越相似……太接地气或太‘高大上’都很无聊，你必须设计得当。”在介绍本次系列作品时，卡尔·拉格斐对 *VOGUE* 杂志如此说道。他将自己的观念付诸实践，以恰到好处的大胆与不羁为经典的香奈儿风格增添灵动与活力。

经典的开襟衫与链条依然在本季作品中出现，搭配敞开穿着的阔版棉质白衬衫与贴身长裤，衬衫的后摆跟随着模特的身姿摇曳。设计师说:“它有一种非常轻松、闲适的感觉，就像一件可以当作日装穿的睡衣。”拉格斐还设计了牛仔面料作品，使用斜纹软呢滚边，并将双 C 标志装点于口袋处。

本季，极具女性气质的高跟鞋被各式各样的靴子取代，从点缀金色链条的猴毛雪地靴，到饰以双 C 标志的黑底白字牛仔靴。“(靴子)是唯一能与当下流行的剪裁比例与风格相配的鞋型。”拉格斐对 *VOGUE* 杂志说道，“不论是柔软、飘逸的衣服，还是时下裤装、连衣裙、半身裙的款式，都适于搭配靴子。我喜欢女性穿着长款伞形外套搭配紧身裤与小高跟的高筒靴，我喜欢这种火枪手般的潇洒造型。”

“超短设计”

“超短设计是这一季的惊喜与亮点。”卡尔·拉格斐介绍道。在推出长款廓形（见 148–154 页）后，拉格斐于本季推出短至胯部的作品：斜纹软呢超短连衣裙及超短半身裙，搭配厚实的紧身裤、步行袜及平底天鹅绒登山靴，活力十足，尽显都市感（让人想起几年后设计师在 2011—2012 秋冬高级成衣系列中为品牌设计的厚实靴子与袜子，见 498–501 页）。

“通常，我在创作长款作品时会增加一些清透感，所以你能看到腿部与其动态。”拉格斐对《女装日报》说道，“但当每个人都在模仿这种创作时，我必须采用别的方式……这种搭配平底鞋和短袜的短裤，更像是提洛尔式学童装，而不是 20 世纪 80 年代的那种与阔肩上装搭配的性感短裤。”

“这次设计的晚装连衣裙采用手工编织，与袜子的制作方式相同，搭配同材质的露指手套和可爱的翻口短袜、丝绒短筒军靴。”拉格斐继续说道，“因为只有丰富的材质和厚重感还不够，我们又增添了一些薄纱元素与褪色工艺处理过的刺绣，或者在头发上点缀几片真金叶片装饰。日装有羊绒真丝 Jersey 针织面料垂褶裤装。”他总结道：“为了继续发展，高级定制服必须围绕着日常生活展开，效仿高级成衣的设计精神，采用不同的面料与技艺。”

“新式束身衣”

在这个全新系列中，卡尔·拉格斐设计了“新式束身衣”，以强调腰部线条。“在紧致且线条清晰的情况下，身体的这个部分会显得非常好看。”拉格斐对 *VOGUE* 杂志说道。他为品牌创作了“四件式迷你套装”，包括胸衣（或 T 恤，而不是衬衫）、外套、超短迷你半身裙和束腰。这些作品成套搭配，以亮色调斜纹软呢呈现，并饰以编结滚边。他说：“在经历了黑色盛行的时代后，彩色必须回归了。我就像一个孩子在摆弄着一盒新的彩色铅笔。”

本季，拉格斐还设计了配以胸衣的绑带式 T 恤，搭配背带上有着“CHANEL”字样的超大号说唱风格牛仔裤或百慕大短裤。“这是有态度的优雅。”拉格斐评论道。

CHANEL

CHANEL
CHANEL
CHANEL
CHANEL
CHANEL
CHANEL

笼形帽与衬裙设计

卡尔·拉格斐设计了罩于模特面部的笼形帽，为本季高级定制服系列作品加入了一抹超现实主义的色彩。《女装日报》将其称为“由黑色羽毛打造的带面罩的摩托车头盔”。“它们就像安装了黑色车窗玻璃的汽车，”拉格斐说道，“你能看清这个世界，但世界却看不透你。”

香奈儿的经典套装以全新的剪裁比例创新演绎，长款宽松外套搭配迷你半身裙，外套下摆几乎将裙身全部遮盖，内搭简约的蝴蝶结丝质白衬衫。宽松的外套“更像是连衣裙，而不是套装，”拉格斐说，“部分设计灵感来自我母亲的长款中国丝质绉绸衬衫式外套，那是她的经典装扮。”

帝国风格的华美晚装（“如气质静谧的睡袍”）采用飘逸轻透的面料打造，垂褶连衣裙的上身以雪纺打造出廓形感。“我希望雪纺像空气一般轻盈，就像巴黎上空的薄雾。”拉格斐打趣道。

可可·香奈儿有一组照片，照片中的她身穿配有衬裙与裙裾的 19 世纪风格的华美连衣裙。拉格斐从中汲取灵感，将衬裙重新运用到他的晚装及婚纱礼服的设计之中。“我希望为简约而剪裁精细的丝绸薄纱连衣裙加上轻盈的衬裙，这就是摩登。”他对 *VOGUE* 杂志说道。

皮草与电影

卡尔·拉格斐的本季高级成衣系列拥抱皮草风潮，以华美炫目的酸性染色（人工合成）皮草滚边，创新演绎香奈儿的经典套装。“这是一个暗淡的世界在熬过暗淡的岁月后，迎来的自由与欢畅。”设计师说道。

与此前的系列相比，本季作品中的配饰作品尽管数量减少（拉格斐说：“我不认为本季需要那么多配饰”），却从镶嵌宝石的手机壳，到以香奈儿金色链条制成的水瓶托架——与经典电影《独领风骚》（*Clueless*）运动场景中出现的款式类似，无不展现出这种欢乐与妙趣横生的态度。

发布会现场的布景，本身已经在某种程度上预示了本季对电影的致意。正如 *VOGUE* 杂志所言，设计师“通过在 T 台上设置导演椅、仿制电影摄像机和强弧光灯，在 T 台上真实地呈现了他自己的电影，就像罗伯特·奥尔特曼（Robert Altman）极受欢迎的时尚电影《云裳风暴》（*Prêt-à-Porter*）一样。”

胸衣庆典

束身衣元素已经多次出现在拉格斐近期系列作品中，并且成为本季高级定制服系列的主角。拉格斐这次将创作聚焦于胸衣之上，而不是此前设计的束腰衣（见 180–183 页）。

"一切都是那么简洁而廓形感十足……所有的设计都基于胸衣。"拉格斐解释道。他将这一造型称为"新颖、干净、利落，就像大家对电视机的要求一样，没有雪花，没有噪音，完全是高清的。"他对《女装日报》说道："贴身穿着的胸衣，能够凸显身形的完美。外套则呈现窄窄的胸廓、合身的细窄袖管，以及无懈可击的小方肩。"他补充道："20 世纪 80 年代那种强调气场的宽袖子与此没有任何关系，现在已经不需要了。"

外套以修长合身的剪裁演绎，搭配钟形低腰半身裙，裙摆落于膝盖之上。"腰线绝对要低，否则裙子看起来就会过时又老土。"拉格斐补充道。

超短套装

本季春夏系列是拉格斐为香奈儿创作的最性感的系列作品之一，发布会场景设计灵感源于蔚蓝海岸。香奈儿套装以二件式设计的短款剪裁呈现，小方肩的短俏外套搭配高腰超短半身裙，裙身正面的开衩隐约透现出斜纹软呢内衣。这样的设计是“精巧的、与身体意识相关的”，卡尔·拉格斐如是说。

在本场发布会的尾声，30 名模特身穿黑色上衣、白色亚麻裤装、黑白双色麻绳底帆布鞋，佩戴着珍珠长项链与山茶花点缀的头巾，模拟可可·香奈儿的造型，被健壮的男模特扛于肩上现身 T 台，重新演绎了一张香奈儿女士于 1937 年拍摄的照片。照片中，正在法国南部度假的可可身着相似套装，坐在好友俄罗斯芭蕾舞团舞蹈家谢尔盖·利法尔（Serge Lifar）的肩头。

COCO

COCO
CAMBON
CHANEL

向苏茜·帕克致意

“你会感觉到，这正是属于高级定制服的时刻。”在这场新的发布会开始前，拉格斐对《女装日报》说道，“在世纪末，我们正走向属于我们自己的美好时代。”正如他所言，这场高级定制服发布会的影响空前。

拉格斐从20世纪50年代的模特苏茜·帕克（Suzy Parker）身上汲取部分灵感，创新演绎香奈儿的经典套装，使其呈现更修长、更贴身的剪裁，并在其中略微增添一丝复古风格，他之前的作品中呈现的束身衣（见184–187页）被拉长，腰线提高，并以一串珍珠链替代了腰带。

本系列由黑色主宰。“这不是颜色意义上的黑，而是属于时髦的黑色。”设计师打趣道，同时还在其中加入了一些奢华的航海元素。条纹上衣搭配及地半身裙，该造型从远处看起来像是由Jersey针织面料制成。它们采用的不是印花工艺，而是满绣（当然是出自Lesage刺绣坊），以创造一种被拉格斐称之为“晚间海滩”的造型。

性别融合

正如可可在她那个年代的做法，拉格斐在这个新系列中借鉴了男装元素，以一系列布洛克鞋搭配浴袍式外套的开场造型，继续革新香奈儿的经典廓形，使其变得宽松。

“不再有任何禁忌，”拉格斐在谈到这种性别融合时说道，“这是构成与解构的游戏。”

本季，设计师展示了不同剪裁的外套，搭配宽松大廓形裤装、连衣裙或及膝羊绒半身裙。配饰作品同样体现着系列作品刚柔并济的风格。搞怪造型的眼镜搭配超大黑色蝴蝶结或白色山茶花，而香奈儿经典的菱格纹手袋则以小盒子形状创新演绎。

在本场发布会的尾声，模特们身着她们在试装或换装时穿的白色外套在 T 台上集体亮相，随后一瞬间同时脱去白色外套，露出内搭的时髦小黑裙。

开襟针织衫式连衣裙

卡尔·拉格斐把香奈儿本季系列作品带到“一座几何感立体主义的梦幻花园”发布，甚至在现场打造了一个喷泉。设计师在几年后为香奈儿再次打造了恢宏的花园（见350–355页、484–487页），而本季场景可以被看成是一则“前传”。

设计师创作了一种线条流畅的全新廓形，并称其为“优雅的延伸……它更精巧、更窄、更瘦、更贴身！”系列的亮点之作是一款全新设计的开襟针织衫式连衣裙，或可称其为“定制长款外衣”，它是连衣裙，亦可演绎为套装穿着，因为它非常修身，能够搭配拉格斐最新创作的束身衣。“它就像手套一样，完全贴合……这是一个关于手套的故事。”拉格斐开玩笑说。

“卡尔式购物”

本季作品受到美式风格的影响，色调鲜亮、洋溢着性感气息。《女装日报》将其描述为“卡尔式购物”。系列作品包括通身牛仔面料造型、印有双C标志的亮色天鹅绒休闲风格套装——伊吉·阿德利亚（Iggy Azalea）在其以电影《独领风骚》（*Clueless*）为灵感的音乐视频*Fancy*中穿着浅粉红色款式，美式卡其裤的设计亦创新演绎为低腰的香奈儿斜纹布裤装。

“我希望让这季迸发出希望与光明的火花。”拉格斐说道，“有一点幻想，有一些魅力，洋溢着明亮气息与乐观主义……廓形感再次回归，但它们呈现柔软的曲线，这是一种轻松而闲适的身体意识。”

香奈儿标志性的编结设计以闪亮的塑料材质创新演绎，象牙色丝质晚装的编结滚边以幻彩橙色与黄色的鹅卵石状塑料呈现。轻盈的夏季连衣裙上印有香奈儿风格的标志，包括双色鞋与黑色菱格纹手袋。

CHANEL

蕾丝与“芳达姬女公爵”式发型

本季发布会正值可可·香奈儿辞世 25 周年之际，发布会没有选择在卢浮宫卡鲁塞尔厅 (Carrousel du Louvre) 举行，而是选在丽兹酒店一楼洋溢着私密氛围感的套房中举行。可可曾在这家酒店居住数十载。一系列轻柔、华美的蕾丝晚装连衣裙，令人想起可可 20 世纪 30 年代晚期的设计。“我喜欢 1938 与 1939 年的香奈儿。”卡尔·拉格斐对《女装日报》说，“那时期的香奈儿有一种玩火般的恣意，一种生机勃勃的时髦。”

本季，拉格斐推出了剪裁考究的裤装套装：修身剪裁的微伞状外套，腰部收紧（饰有珠宝的珍珠搭扣金色腰带更加凸显腰身），肩部设计被设计师称为全新的“方肩设计”。正如拉格斐对 *VOGUE* 杂志所言，该套装“宣告着下一季军装风的到来，有着无可挑剔的肩部线条，剪裁合身但不紧绷”（见 222–225 页）。

模特高高盘起的发型灵感源于芳达姬女公爵式发型，这一发型名称取自路易十四的情人芳达姬（Fontanges）之名，芳达姬在 17 世纪末率先以这种发型示人。“整个系列非常具有香奈儿风格，带有一丝幽默，也有些朋克……这是一种致意，同时以一种机智巧妙的方式进行创新诠释。”拉格斐总结道。

金色军团

卡尔·拉格斐从现状乐队(Status Quo)的歌曲《你在军队中》(*You're in the Army Now*)中汲取灵感，本季推出了将军事风格服装剪裁与奢华金色元素相融合的系列作品。“这是我最喜欢的歌曲之一，”他说道，“只不过我是以一支美人军团来诠释的。”

从金色织金线到金色网纱设计的腰带(曾在设计师之前的高级定制服系列中呈现，见 218-221 页)，金色元素无处不在，点缀着每一套造型：从紧身剪裁、肩线鲜明的外套，到裸色金属感针织衫，以及作为终场造型的黑色天鹅绒套装，包括简约、贴身、剪裁精致的大衣式连衣裙。

“我们想要重新回到更具梦幻感的氛围中。”拉格斐对 *VOGUE* 杂志说，“但这一季女孩们的造型不同，设计的剪裁比例不同，语境不同……在所有极简主义的潮流中，缺少了一丝幽默感。衣服就是衣服，我们并不打算通过它来表达沉重的哲学思考与观点。”

CHANEL

乌木漆面屏风刺绣

在上一季高级定制服系列（见 218-221 页）之后，卡尔·拉格斐回归丽兹酒店，在温莎公爵与帝国套房发布最新高级定制服系列。正如他对《女装日报》所言，本系列的主题是“修长的身形……整体廓形被拉到极长，因为这能让女性的身体看起来有延伸感，苗条、纤细、轻盈、青春，一切尽在其中。”

拉格斐将他这一全新的廓形设计称为“无限延伸的套装，没有尽头的外套”：长及小腿的外套和及踝大衣剪裁极为贴身，让人联想到尼赫鲁式外套，搭配特殊设计的黑色紧身衣（拉格斐认为其“可以让身形更美”），以及在高级定制服系列中鲜少出现的紧身裤。“这些外套修身、精巧，前所未有的合身。”拉格斐解释道。

虽然香奈儿品牌的标志并未出现，但一些长款外套及大衣点缀着乌木漆面屏风图案的亮片刺绣，其灵感来自可可·香奈儿康朋街私人寓所内的屏风，这是香奈儿最为珍视的收藏品之一。闪耀的“仿皮草”大衣与褶饰薄纱打造的外套，令本季标志性的修长廓形显得更为生动。

马术风格

卡尔·拉格斐为香奈儿创作的 1997 春夏高级成衣系列作品在巴黎布朗利博物馆发布，T 台中央被设计为一个传送带装置，模特们站立其上出场。本季一改此前的军团服装风格（见 222–225 页），设计灵感源于一张年轻的可可·香奈儿骑于马背的照片。照片中，可可身着白色衬衫，搭配黑色领带与宽檐帽，马裤则是由男装裁缝为她度身定制的，这样的装扮对于当时的女性来说是非常大胆前卫的。

“军团风格之后，我们来到马厩。”拉格斐玩笑道，“这一系列作品的氛围来自那张（照片）……满眼都是印花华达呢、皮革、棉布的马裤，你能想到的都有。”他解释道。

色彩同样成为 T 台的焦点。大量的亮色花卉印花以蓝色、粉色、黄色及红色呈现，在发布会的尾声则呈现一系列绚烂多彩的亮片连衣裙。“天鹅绒面料像是点缀着压碎的冰块，”拉格斐对《女装日报》说道，“超过 40 套的连衣裙是以这种面料打造的，采用了非常清新的浅色。这是用丝绒打造的夏日冰块。”

“令人疯狂的优雅”

卡尔·拉格斐为香奈儿创作的1997春夏高级定制服系列发布会，在巴黎丽兹酒店温莎与帝国套房的私密沙龙中举行。本季作品是他所创作的最奢华的系列作品之一。史上首次，香奈儿高级珠宝作品随着时尚系列一起展示，其中一款由柯丝蒂·休姆（Kirsty Hume）佩戴的彗星短项链堪称无价之宝，其设计灵感来自1932年可可·香奈儿创作的著名的“Bijoux de Diamants”钻石珠宝系列中的一款作品。

拉格斐在发布会解说词中指出，他希望将香奈儿带向“极致精美奢华的边界”。设计师解释道：“设计理念在疯狂的边界进行极致精细的调整，但同时它是简约的，并不折磨人。”

他说：“我们强调香奈儿的设计精髓，使其变得更加轻盈……包括套装、面料、剪裁比例、配饰，所有的设计都与轻盈有关。同时，将廓形设计得更为夸张，将香奈儿的剪裁比例推向极致。”

“为何是一座桥？”

本季作品以“为何是一座桥？”为名，在一座极具戏剧张力的拱桥之上呈现。这座桥寓意横跨“过去与未来”，连接“街头与沙龙”，更重要的是，它代表着由可可·香奈儿开创的融合男性与女性美学元素的刚柔并济的风格。

卡尔·拉格斐本次不再呈现品牌标志、手袋与服饰珠宝，而是将宽松的斜纹软呢裤装与色彩丰富的开襟衫和费尔岛针织衫搭配。鲜明的肩线设计贯穿整季作品，晚装连衣裙则点缀灵感源于俄罗斯画家瓦西里·康定斯基（Wassily Kandinsky）作品的多彩刺绣。这是“可可与俄罗斯的相遇”，拉格斐对 *VOGUE* 杂志说，这样的创作风格比品牌的“巴黎 - 莫斯科”高级手工坊系列（见 432-437 页）早了好几年。

北欧童话

卡尔·拉格斐探索自己的北欧文化根源（他在几年之后再次演绎了北欧元素，见 498–501 页），推出了一个极具北欧风格的系列作品。15 世纪的瑞典骑士、丹麦作家凯伦·白烈森（Karen Blixen）、亨利克·易卜生（Henrik Ibsen）的作品《海达·加布勒》（*Hedda Gabler*）、汉斯·克里斯汀·安徒生（Hans Christian Andersen）以及瑞典电影导演英格玛·伯格曼（Ingmar Bergman）均成为本季作品的灵感来源。

系列作品在罗丹博物馆极有情调的花园中发布，呈现了一种更加修长的全新廓形，以黑色及灰色为主色调，其间点缀被设计师称为“雾蒙蒙”的颜色。简洁的日装与视觉张力十足的晚装形成了鲜明的对比：云朵般的薄纱与蕾丝制成的晚装，搭配巨大的帽子，帽子的造型仿若“来自北欧神话”。

“有一丝克制，”拉格斐解释道，但是“其现代性中洋溢着诗意与趣致……它流露出一种来自北方的诗意忧郁。”

可可 60 年

卡尔·拉格斐以本季作品向可可·香奈儿的一生和她的创作致敬。他解释说，这个系列的灵感来自“对其精神的传承……它展现香奈儿的一生所为，及其对如今品牌创作的影响。”

该系列分为六个不同的部分，每个部分几乎涵括了香奈儿女士生命中不同的十年（从“成为香奈儿之前的可可”，到“浪漫的可可与蒙特卡罗”，以及“香奈儿的现在与未来”），对经典的香奈儿风格进行了创新演绎及诠释：从受到 20 世纪 20 年代启发的玛丽珍鞋、航海风格的 Jersey 针织面料泳衣套装，到灵感源于可可·香奈儿 30 年代标志性作品“吉普赛风格连衣裙”的蕾丝连衣裙。当然，还有香奈儿著名的半身裙套装，以华美而多彩的 Lesage 刺绣斜纹软呢打造。

新潮女郎与门童

在卢浮宫卡鲁塞尔厅结束高级成衣系列发布会之后，卡尔·拉格斐将香奈儿带回康朋街高级定制服沙龙，在更为私密的氛围中展示新一季的作品，呈现一种“属于少数幸运儿享受的安全私密”的全新氛围，他如此对《每日电讯报》（*The Daily Telegraph*）说道。

本系列从 20 世纪一二十年代的风格中汲取灵感，多款刺绣晚装连衣裙与第一次世界大战前的服装廓形相呼应，模特们佩戴（20 世纪 20 年代）时髦女郎（flapper）风格的镶嵌钻石与水晶的薄纱发网。整季作品皆围绕着“日常时尚”与轻松自在展开。（专为苏格兰的时装屋打造的）羊绒“定制开襟衫”搭配过膝半身裙与珍珠长项链，这是一种“慵懒的门童风格”，阿曼达·哈勒奇（Amanda Harlech）如此形容。

可可的杜维埃

卡尔·拉格斐的本季作品呈现了20世纪10年代末与20年代初可可·香奈儿在杜维埃和比利兹时的风格与氛围。系列作品以极具航海风格的白色调演绎，有钟形帽、宽松柔软的丝质衬衫、长款大衣、及踝半身裙套装等作品。

系列廓形从一本关于高棉雕塑的书籍中汲取灵感，“通过贴身的剪裁、清晰的肩部线条呈现窄胸廓设计。”《女装日报》描述道。拉格斐说：“由于袖管几乎大过衣身，整体感觉更加纤秀。”

然而，设计师并未止步于对香奈儿历史的回顾：标志性的山茶花以白色氯丁橡胶材质创新演绎，同时，本系列还发布了香奈儿全新的“2005”手袋（见259页）。这款手袋以新千年以及香奈儿女士的幸运数字5而得名，其独特的外形灵感源于女性（倒置）的上半身线条，易于侧背和斜挎。拉格斐说：“它如羽毛般轻盈，可以贴近身体的任何部位。”

日式灵感

卡尔·拉格斐将香奈儿风格带向远东，呈现了一季受到日本文化启发的极具禅意的系列作品。该系列柔软及优雅的廓形设计，被拉格斐称为“线条的进化论。我想要呈现的是丰盈的量感，但却轻若无物，拥有一种仿佛被风吹过的动感。”

服饰珠宝作品包括金色大圆盘、十字架形吊坠以及可作为腰带或项链佩戴的链条，均以利落的线条与简约的设计呈现，刺绣设计亦是如此。“当你试图呈现一种新的剪裁设计时，你不能用太多东西来点缀，否则就会干扰视线……其他品牌有很多装饰感强烈的服装，所以我想为时尚界带入一些清新之气。”拉格斐对《女装日报》说道。

运动感分体式设计

在一个非常优雅精美的高级定制服系列（见254-257页）之后，卡尔·拉格斐将香奈儿带向一个全新的方向：纯粹的运动风格，包括短款紧身外套（亦有短款皮革款式）搭配长款丝缎半身裙、运动泳装、平底或低跟凉鞋，几乎看不到经典的香奈儿套装或品牌标志。

本季，拉格斐并未选择品牌著名的斜纹软呢，而是专注于21世纪新型面料的使用，例如科技潜水面料以及尼龙与聚酯纤维的混纺面料，并推出极具未来感的全新手袋作品——圆形“2005”手袋（如250页所述）。该款手袋以不同颜色呈现，从浅绿色到橙色、红色或粉红色。当一位身着比基尼的模特脱下长袍，躺在巴士底歌剧院中心的T台上仿佛在享受着日光浴时，这款手袋还可当作枕头。

柔和式剪裁

在卡尔·拉格斐为品牌设计的上一个系列（见258-259页）中几近消失的香奈儿套装以全新的剪裁比例回归：外套修长而精巧，搭配飘逸的半身裙或者长款宽松裤装。“这个系列如蚀刻般精准，像素描般柔和，这就是本季的精髓。”拉格斐对《女装日报》说，“在同一套服装中，上衣修饰身形，线条从腰部开始变得柔和，一直延伸到腿部，这是热与冷的交融。”

作为高级定制服系列作品，本季服装均采用奢华的面料，部分作品点缀闪亮精妙的刺绣，系列作品以淡粉色、浅灰色及蛋壳色等浅色调演绎，正如拉格斐所言，整季作品“对香奈儿来说是全新的尝试”。

迈向 21 世纪

卡尔·拉格斐以独具风格、毫不留恋过往的方式结束了香奈儿的 20 世纪。70 余位模特走上风格简约的巨型灰色 T 台，T 台地面上以硕大的字体写着“1999—2000”。本系列作品以未来感十足的设计，向品牌著名的黑白色调致意。

本系列继续专注探索由拉格斐在之前系列中呈现的廓形设计，《女装日报》将其称之为“太空时代及哥特式主题”的融合。紧身的短款外套和上衣搭配宽松的裤装或半身裙，以更具现代感的手法诠释香奈儿套装。“这就是我眼中的香奈儿在如今应该表达的态度：轻松。”卡尔·拉格斐对 *VOGUE* 杂志说。

几何感，以高级定制之名

本季作品呈现无懈可击的结构及看似简约的廓形，包括一系列斜纹软呢套装设计有从肩线处打开的“隐藏式开口”，以避免因使用纽扣而破坏整体廓形的流畅性。卡尔·拉格斐对《女装日报》说：“我必须有一些爱因斯坦般的巧思。”

亮眼的色彩（如明亮的红色及令人惊叹的粉色），来自 Lesage 刺绣坊、Montex 刺绣坊、Hurel 刺绣坊及 Lanel 刺绣坊的精工刺绣，以及奇思妙想的设计，从刺状的发饰到华美耀目的 A 字形晚装，如一袭华丽的红色绗缝曳地连衣裙，无一不在彰显完美的剪裁。

绗缝风格

本季发布会搭建了不少于 4 个 T 台的宏大场景，两条亮蓝色及两条亮粉色 T 台步道的长度加起来“几乎相当于一个足球场的长度”（据《女装日报》描述），系列时装展示了大量的花卉印花与鲜亮的蓝色、黄色、红色及绿色作品，与拉格斐为香奈儿设计的下一个高级定制服系列（见 272-275 页）形成呼应。

香奈儿标志性的绗缝元素成为整个系列的主角，这种设计因其在标志性的 2.55 手袋上的应用而闻名于世。在本季，这一元素以更大、更方正的形状诠释，几乎像一块巧克力般地出现在无袖上衣、短款外套、迷你裙上，最令人惊叹的是它还出现在具有丰盈量感的手套及同材质的手袋上。

多彩的高级定制服

本季高级定制服系列在布洛涅森林马术中心发布，T 台被设计成蜿蜒的曲线。卡尔·拉格斐聚焦套装设计与明亮色调，系列时装“仅”有 58 个造型，“其实我本来可以设计更多套装，”卡尔·拉格斐对《女装日报》说道，“毕竟我们有很多客人，她们总是想要套装。”

这些套装以飘逸的长款半身裙创新演绎，拉格斐说该廓形设计来源于他对“动态丰盈量感”的渴望。“我们不能一直做窄款半身裙，”他如此说道，同时指出，“这不是‘新风貌’（New Look）！”尽管这种廓形会让人想起 20 世纪 50 年代克里斯汀·迪奥（Christian Dior）的设计（可可·香奈儿并不喜欢这种风格，因为她认为这会限制女性的活动）。发型设计中则加入了一眼可辨的香奈儿元素：山茶花形状的发髻，用以致敬香奈儿女士最喜爱的花朵。

冬日的白色

珍珠在前几个系列中并未大量出现，在本季作品中，卡尔·拉格斐则令这一香奈儿风格的标志性元素回归，并以醒目的设计加以演绎：层叠的珍珠项链搭配白色冬季棉衣与滑雪服，或作为腰带搭配精美的白色褶裥半身裙，或叠搭于多层围巾之上。"珍珠是香奈儿品牌传承中的一部分，"拉格斐说道，"但它们需要新的形象，从而摆脱他人对其抱有的中规中矩以及淑女专属的陈旧观念。"

通过香奈儿工坊无懈可击的剪裁工艺，拉格斐呈现了一系列精巧修身的大衣，搭配连衣裙及半身裙，同时将香奈儿 2.55 手袋上标志性的绗缝工艺运用到灰色、米色、紫红色、绿色及棕色的冬季色调的针织衫和紧身衣上。

CHEZ RÉGINE 夜店

香奈儿历史上首个早春度假系列离开私密的康朋街沙龙或圣·奥诺雷街，在 Chez Régine 夜店发布。这家巴黎夜店成立于 20 世纪 70 年代，因其客户群均属精英阶层而闻名。

本季作品将衬衫式连衣裙作为重点，以宽松的条纹棉呈现，搭配同材质帽子、系带凉鞋及层叠的金色手镯，被《女装日报》描述为“清新、悠闲和迷人”。

经典的香奈儿套装以更具夏日感的轻盈款式创新演绎，搭配荷叶边衬衫与大号太阳眼镜。一系列闪耀夺目的金色织金面料迷你裙为派对而生，与本季发布会夜店风格的现场设计相得益彰。

电光斜纹软呢

卡尔·拉格斐的全新系列围绕着撞色设计展开，在巴黎第十五区巨大的 Keller 泳池发布。模特沿透明的塑胶 T 台而行，两侧是身着香奈儿 T 恤的安全员。相较于香奈儿经典的黑白色调，撞色的设计极具视觉张力，同时也是对上一季高级定制服系列（见 272–275 页）的延续：亮粉色、荧光绿色、闪亮的金属色、紫色斜纹软呢套装搭配淡黄色薄纱围巾，模特的妆容甚至以绿色或蓝色的眼影及口红打造而成。

经典的香奈儿套装亦以全新的剪裁比例创新演绎：低腰设计的长款外套让身形更为修长，搭配及膝褶饰半身裙、透明塑料及 PVC 材质的及膝防水靴、蓬松的薄纱围巾和闪亮的金属色饰带。

圆圈设计

卡尔·拉格斐为21世纪的香奈尔增添了丰富的色彩，2000年的最后一个系列作品也不例外。模特们身着红色、粉色、蓝色、珊瑚色、紫色等各种色彩的系列作品，走上卢浮宫卡鲁塞尔厅内为发布会特别打造的霓虹阶梯T台。

圆圈成为本系列中反复出现的图案，成为印花，薄透衬衫、连衣裙和短裙上的刺绣，以及紧身衣上的装饰，并启发了全新"圆形"手袋的创作。

拉格斐说，他希望模特"身着香奈儿的所有经典元素走在聚光灯下，为2001呈现混搭的设计"。模特们佩戴的网纱面罩（这一面罩将在他为品牌设计的下一季高级定制服系列中以无品牌标志的款式出现，见288-291页）上绣着"COCO"字样，这样的图案还出现在她们的手套和指甲上，指甲上的"COCO"字样由特殊亮光漆描绘而成，并点缀以碎钻。

COCO
COCO
COCO
COCO

COCO
CHANEL
COCO
COCO

珍珠与面纱

卡尔·拉格斐从可可·香奈儿20世纪30年代的创作中汲取灵感，创作了本季极具女性气息、以黑白色调为主的高级定制服系列作品。展示本季作品的T台一侧边缘放置了巨大的编结链，极富视觉张力。

拉格斐设计的层叠式弗拉明戈半身裙是向香奈儿女士在20世纪30年代创作的奢华“吉普赛风格连衣裙”的一种致敬。香奈儿女士以这一作品搭配她标志性的精致蕾丝晚装连衣裙，拉格斐亦取其精髓，在本季系列中以刺绣及点缀亮片的轻透面料进行创新诠释。

标志性的香奈儿套装亦被创新演绎，饰以柔软、精美的编结滚边，搭配珍珠项链、珠宝腰带、蕾丝手套以及带有面纱的船形帽，或者将头发拢在一侧梳成发髻并罩上面纱，为整体造型增添量感。

“波普可可”

在这个趣致十足、极富创新精神的冬季系列作品中，可可·香奈儿与波普艺术的代表人物罗伊·利希滕斯坦（Roy Lichtenstein）相遇。卡尔·拉格斐基于香奈儿女士的部分肖像作品，其中包括曼·雷（Man Ray）及霍斯特（Horst P. Horst）的摄影作品，创作了演绎利希滕斯坦作品风格的色调鲜亮的人物图案，还以漫画手法加入了表达想法的气泡，里面写着：“只需一滴香奈儿五号”。

这些“波普可可”风格的图案出现在彩色条纹毛衣（香奈儿登山造型的一部分）以及亮闪闪的黑色晚宴手拿包上，而香奈儿的双C标志则以黑白设计呈现于皮草手笼、耳套、腕带及项链之上，十分醒目。

驯鹿造型也出现在系列作品中，在皮草衣领上尽显灵动，或作为胸针别在有着香奈儿链条印花的针织衫、衬衫及连衣裙上，这一主题的灵感源于可可·香奈儿私人寓所中的对鹿雕塑。

OF N°5
CHANEL

芭蕾舞者

继将香奈儿带到巴黎著名夜店 Chez Régine（见278-279页）之后，卡尔·拉格斐此次向另一种完全不同的舞蹈艺术致敬。

或许，他从可可·香奈儿对于舞蹈与芭蕾艺术的热爱中获得启发：在年轻时，香奈儿女士曾满怀热情地跟随前卫而激进的舞蹈家卡里亚斯（Caryathis）学习，20 世纪 10 年代初她曾多次前往这位舞蹈家位于蒙马特高地的拉马克（Lamarck）工作室。此后，香奈儿成为迪亚吉列夫（Diaghilev）创办的俄罗斯芭蕾舞团的主要赞助人及合作者，她曾为该舞蹈团最具代表性的作品设计演出服，并与其中一些舞蹈家成为挚友，特别是谢尔盖·利法尔。优雅的芭蕾舞者亦给予拉格斐无限创作灵感。

拉格斐将宾客邀请至巴黎郊区的一家芭蕾舞房中，以纯粹极致的香奈儿风格对芭蕾舞者的形象进行创新演绎，呈现了颜色淡雅的薄纱褶裙、海军蓝或粉红色芭蕾舞鞋（丝缎系带绕踝高跟鞋），丰盈的褶裥半身裙、轻透的上衣、优雅的紧身裤并配以淡色的缎带腰带。

高级定制裤装

卡尔·拉格斐在巴黎最古老的男校布丰中学的庭院之中发布本季作品，以纯粹、极致、极富高级定制服精神的手法诠释香奈儿风格。奢华的斜纹软呢、丝绸、羊毛面料及以克制的秋日色调演绎的刺绣作品，成为本系列的亮点。

裤装是本季作品的焦点，逐一呈现在每套造型中，以纷繁多样的剪裁与面料演绎：褶边雪纺芭蕾裙搭配同材质雪纺裤装，羊毛裤装套装则搭配珠宝搭扣的宽腰带、大块琥珀镶嵌的金戒指。

系列作品的奢华感不仅通过珠宝，也借由斗篷、罩衫及晚装连衣裙上华美非凡的刺绣体现。一切皆源自对可可·香奈儿风格法则的敬意，其标志性的短发配以缎带的造型，启发了本季发布会模特的发型及妆容设计。

速度与浪漫

拉格斐的这一系列作品在卢浮宫卡鲁塞尔厅发布，T台以Perspex有机玻璃打造。该系列充满能量和速度感。全新的红色和粉蓝色皮革机车造型为本场发布会拉开帷幕，系列作品还包括皮革外套、拉链裤装、秒表项链、双色运动鞋、手套及印有品牌双C标志的头盔。

短款运动外套、超短裤及皮靴采用了香奈儿2.55手袋上标志性的绗缝设计，而发布会的第二部分则以各式轻透的设计，呈现了浪漫且精致的黑色、白色及金色造型，为本系列增添了些许性感。

CHANEL

CHANEL
CHANEL

CHANEL

一束山茶花

为了向山茶花这一香奈儿女士最爱的花朵致意，香奈儿在卢浮宫对面的杜乐丽花园 (Tuileries Garden) 中搭建了品牌自己的温室，发布全新系列。发布会现场的长凳、地板及T台上洒满数千朵粉色山茶花。

卡尔·拉格斐仿若化身由斯坦利·多南（Stanley Donen）执导、奥黛丽·赫本（Audrey Hepburn）主演的电影《甜姐儿》（*Funny Face*）中的时尚编辑，被“委以重任”，为本系列呈现“粉色的思考”——并非艾尔莎·夏帕瑞丽式的“夸张的粉色”，而是各式柔和雅致的粉色，偶尔调和以黑色及紫色。

模特们佩戴山茶花头饰，身着质感轻柔的套装、修身大衣，以及为增加丰盈感而配以衬裙的大衣式连衣裙，或搭配薄纱款面纱（以获得轻透的视觉效果）。发布会终场造型为一袭令人惊叹的淡粉色婚纱裙，其雪纺衣身缀以精妙褶饰，粉色花瓣如瀑布般洒满裙裾，搭配若有似无的欧根纱面纱。

摇滚女孩

比利时电子摇滚乐队 Vive la Fête 为本季发布会现场配乐，以电子音乐风格翻唱了赛日·甘斯布（Serge Gainsbourg）与简·柏金（Jane Birkin）的歌曲《我爱你……我并不爱你》（*Je t'aime... moi non plus*）。乐队魅力十足的金发主唱埃尔斯·皮努（Els Pynoo）吸引了卡尔·拉格斐的目光。“这个女孩让我痴迷，”他说，“她可以代表一种全新的金发女郎形象，并不是说我不喜欢之前的金发女郎形象。”

显而易见，充满性感气息的摇滚乐成为本季的设计灵感，拉格斐将香奈儿标志性的风格元素置于一种摇滚的氛围中进行创新诠释：从 20 世纪 70 年代的波希米亚风格到哥特或重金属造型，偶尔还带有一丝女学生的叛逆精神。

模特们的发梢佩戴金属链条装饰（仿若接发），皮革机车外套的拉链敞开，露出蕾丝上衣，搭配亮片热裤及黑色皮靴。甚至连香奈儿标志性的斜纹软呢也变得更具金属感，著名的香奈儿外套被设计成可以贴身穿着的紧身流苏款亮片迷你外套。

CAFÉ MARLY 小餐馆

在香奈儿建立自己的 Brasserie Gabrielle 小餐馆（见 602–607 页）之前，卡尔·拉格斐先将香奈儿带到了 Café Marly 小餐馆，以呈现这一场风格独特的早春度假系列。这家小餐馆位于杜乐丽宫中心，风格独具，在其露台上能看到卢浮宫标志性的金字塔塔尖。

为向法国侍者优雅的传统黑白制服致敬，拉格斐呈现了一场单色的视觉盛宴：模特儿身着各式白色衬衫，外面套着剪裁考究的以亮片点缀的奢华黑色西装背心，搭配白色及踝半身裙或白色长款围裙，佩戴着香奈儿标志性的珍珠长项链。

爱德华时期的优雅

本系列选择在康朋街重新装修后的香奈儿高级定制服沙龙中发布。据卡尔·拉格斐介绍，套装是本系列的焦点，并且“一切围绕着对比感展开：平静与嬉闹，纯洁与邪魅，神圣与世俗”。

著名的香奈儿外套以更为紧身、修长的廓形创新诠释，配以窄袖管及蕾丝高领。这一廓形设计让人想起爱德华时期的风格以及 19 世纪的女性骑马装。外套搭配伞状滑冰半身裙，裙摆饰以荷叶边及亮片薄纱，而晚装连衣裙则采用低腰设计，让人想起 20 世纪 20 年代的时髦女郎。

剪裁精细利落的黑色及灰色连衣裙，完美地衬托出精湛华美的刺绣、珠饰衬裙、镶嵌珠宝的下摆、以亮片点缀的精美渔网袜和在脚踝处点缀金色珠子的鞋履。因为拉格斐决定让秀场回归到更小的规模，所以本季高级定制服系列发布会选择了更加传统的现场设计。“这一系列充分体现高级定制服的精神，”拉格斐说道，“我想让人能够真正近距离地观赏这些作品，这在大的空间中很难实现。我希望营造一种亲密的氛围，呈现一场真正的高级定制服发布会。”

逐浪

本季作品再次诠释了香奈儿钟爱的航海主题，在闪亮的几何感T台上呈现。轻盈的外套（点缀珍珠或配以镶嵌水晶的编结滚边）、宽松的宫廷式裤装、长款背心裙搭配同材质比基尼或超短迷你半身裙，成为本季的关键风格趋势。

系列以黑白色调为主，极具年轻气息与跃动感。随着一只带有双C标志的橡皮筏从T台尽头逐渐升起，一组香奈儿冲浪女孩走上T台。她们身着性感的比基尼、束带式上衣和超短裤，搭配层叠的珍珠项链、山茶花及精致的运动感手袋，还有长筒防水靴、香奈儿风筝及香奈儿冲浪板。“一切都充满运动风格，对吗？”拉格斐说道。

CHAN

高级时装的银河

香奈儿在康朋街高级定制服沙龙中举行了一场名为“卫星之爱”的发布会，标志着香奈儿全新系列——高级手工坊系列的开启。本季发布会共展示了由拉格斐特别创作的30多款限量设计，向五家香奈儿高级手工坊（被拉格斐称为“卫星”）的非凡技艺致敬。这五家高级手工坊彼时刚刚被香奈儿收购。据品牌介绍，这一系列作品标志着香奈儿“对发展这些高级手工坊的承诺，长期以来，在品质、独特性及创新方面，品牌与这些工坊同样秉持着相同的最高标准和严格要求。”

这个全新的由高级手工坊组成的星座包括：Desrues服饰珠宝坊（几十年来致力于为香奈儿制作链条、项链、腰带、胸针及搭扣），Lemarié山茶花及羽饰坊（克里斯托夫·勒梅尔先生本人被拉格斐称为“山茶花之王”），著名的Lesage刺绣坊，Massaro鞋履坊（自1957年为香奈儿女士创作出著名的黑色缎面鞋头米色鞋身的双色鞋后，一直与香奈儿保持密切关系），以及Maison Michel制帽坊（自1936年成立以来，一直是顶级时尚品牌的供应商）。

“轻柔质感”

卡尔·拉格斐在加入香奈儿二十周年之际，创作了这个轻透空灵的高级定制服系列。据拉格斐所说，整季作品皆关乎“轻柔的质感，几乎一切都是轻盈的”。甚至品牌著名的斜纹软呢套装亦以空灵的手法演绎：斜纹软呢的布条缝于薄纱之上，下摆和袖口隐入薄纱和流苏刺绣之中。系列作品“像羽毛般轻盈”，阿曼达·哈勒奇这样对希拉里·亚历山大（Hilary Alexander）说道，“你甚至可以把它们团成一个球。”

系列廓形搭配独特的半截式平顶帽，愈显修长，例如灵感源于印度大君外套的紧身斜纹软呢大衣。本季作品的色彩则融合香奈儿标志性的黑白色调，呈现出如软糖般的水粉色调。拉格斐继续着他对轻透设计的创作，“摩登十足，看似透明，实则不然”——正如他所说。

“白色之光”

本季以“白色之光”为题，呈现了一个以大量黑白色调演绎的冬季衣橱。系列廓形修长，材质以斜纹软呢和皮革为主。白色的太空感高跟靴设计与黑色高筒暖腿套（有些款式以皮革呈现，突显机车风格），为系列作品增添性感的气息。拉格斐还以诙谐的配饰向服装致敬，包括使用超大的揿扣、挂钩及环扣。

拉格斐玩味香奈儿标志性的刚柔并济风格，展示了一系列充满活力的冬季运动服装及考究的剪裁设计，发布会现场摇滚乐队——模糊乐队的歌曲《女孩与男孩》（*Girls & Boys*）与此完美呼应。香奈儿经典的斜纹软呢套装被创新演绎为迷你半身裙的款式，其上点缀多彩刺绣，图案的灵感来自画家卡西米尔·马列维奇（Kazimir Malevich）于 20 世纪初期创作的《至上主义构成》（*Suprematist Composition*）系列作品。

糖果之境

卡尔·拉格斐的本季早春度假系列呈现了一场甜蜜的盛宴：令人愉悦的冰激凌图案印花装点着轻盈的上衣、半身裙、半削肩领式连衣裙、周末休闲风手袋以及沙滩纱笼裙，而经典的香奈儿套装则以清新的雪糕及糖果色调创新演绎，包括棉花糖粉、柠檬黄及开心果绿。

俏皮的套装搭配了大量的配饰，从以 20 世纪 20 年代为灵感设计的钟形帽和夏季高跟凉鞋，到透明的粉色太阳眼镜、棉质遮阳帽、星形耳环、珠宝腰带以及心形双 C 胸针。

冰雪皇后

本季的高级定制服系列在一座 17 世纪的巴黎修道院内发布，拉格斐以极具未来感的风格对修道院以及中世纪元素进行极致奢华的变奏演绎，呈现了一系列蕾丝作品及皮革材质的无檐便帽设计。和香奈儿上一季的高级定制服系列（见 318-321 页）设计一样，本系列作品亦围绕着丰盈的量感展开：斜纹软呢面料被撕成条状，绣在轻盈的薄纱之上。同时，无处不在的皮草元素（从黑色貂皮、貂皮滚边到视觉感十足的皮草领口），则为本季作品增添了华美的冬日气息。

长款袖口设计、黑玉珠链、珠宝宽腰带皆以黑色呈现，更增加了哥特风格，与终场造型形成美妙绝伦的对比：琳达·伊万格丽斯塔以惊艳的全白"冰雪皇后"造型亮相，她身着褶饰薄纱半身裙式婚纱礼服裙与白色贴身长裤，头戴白色亮片无檐便帽，搭配带精美刺绣的宽腰带和云朵般蓬松轻盈的头纱，为本场发布会画下句号。

音乐主题的饰品

卡尔·拉格斐为这个夏天创作了一个年轻且充满活力的系列作品。伴随着 20 世纪 70 年代著名的金发女郎乐队的音乐，模特们漫步于白色木板铺就的 T 台。经典的香奈儿元素以令人意想不到的方式被创新演绎：白色山茶花开放于黑色针织衫之上，长款项链上点缀的不是珍珠，而是很多迷你的双 C 标志黑胶唱片，香奈儿手袋则以卡带式录音机的造型呈现。“一切都很香奈儿，但没有那么严肃，”拉格斐对萨拉·莫厄尔（Sarah Mower）说，“甜美，但不会太淑女。”

香奈儿标志性的斜纹软呢仍然是主要风格元素，呈现柔和的色调，演绎有着 Lesage 刺绣斜纹软呢滚边的风雨衣。“我不知道为什么之前没有想到，”拉格斐说，“一个简单的创意，在风雨衣上增加编结滚边，就会让你一看到它，就知道它是香奈儿。”

向精湛工艺致敬

在推出首个以“卫星之爱”为主题的系列（见316–317页）之后，香奈儿发布了第二个高级手工坊系列作品，继续向其于2002年收购的五家高级手工坊的精湛工艺致敬：著名的Lesage刺绣坊（拉格斐说：“对我来说，没有刺绣，高级定制服亦不复存在”），Lemarié山茶花及羽饰坊，Maison Michel制帽坊，Massaro鞋履坊以及Desrues服饰珠宝坊。这些高级手工坊作为巴黎传统的高级定制服供应商，是少数延续到21世纪的幸运儿。

本次发布会在康朋街私密的香奈儿高级定制服沙龙中举行。伴随着法国经典歌手丹妮（Dani）的现场表演［拉格斐说：“我希望呈现一种夜店的氛围，就像老电影《巴黎春痕》（*Bal Tabarin*）里面的场景一般”］，时尚界最具标志性的超模齐聚，只为展示这个限定系列中的非凡作品，其中包括琳达·伊万格丽斯塔、娜奥米·坎贝尔（Naomi Campbell）、伊娃·赫兹高娃（Eva Herzigová）、卡拉·布吕尼（Carla Bruni）、蕾蒂莎·科斯塔（Laetitia Casta）以及南吉·奥曼恩（Nadja Auermann）。“每一件作品都是极致奢华的，”拉格斐解释道，“介于高级定制服与高级成衣之间的创作，这个系列满足这一年对创意的渴望。”

“对比的二元性”

拉格斐为香奈儿创作的全新高级定制服系列以“对比的二元性”为主题，将高级定制中的装饰设计与严谨的剪裁相互融合。“混合了严谨与轻松的矛盾性，这就是现代的性感：似是而非。”设计师解释道，并补充说他希望本季作品“在态度上可以非常法式，一种外国人才能做到的法式”。

本季系列作品以对比强烈的黑与白为主色调，包括剪裁精致的外套搭配饰有流苏或荷叶边的半身裙，以及飘逸的衬衫搭配利落的直筒裙。这些作品充分展示了 Flou 高级定制工作坊（以柔软面料制衣见长）与 Tailleur 高级定制工作坊（主攻剪裁）的精诚合作，以及两家工作坊对任何风格高级定制服系列的创作能力。同时，Paruriers 刺绣工坊（主攻装饰）所创作的令人惊叹的刺绣与香奈儿精彩绝伦的高级珠宝作品相互映衬，为时髦的日装及晚装锦上添花。

“男装元素给可可的灵感”

卡尔·拉格斐以刚柔并济的设计风格，在一个打造成沥青马路的 T 台上呈现了一场名为“男装元素给可可的灵感”的系列作品，向可可·香奈儿借鉴自男装、最终革新了女性衣橱的元素致敬。拉格斐说：“我相信男孩和女孩们可以彼此分享牛仔裤、外套和 T 恤。”

系列作品呈现机车外套、箱型开襟衫、运动风毛衣及男士风格的布洛克鞋，同时亦创新诠释著名的斜纹软呢外套，采用中性的款式呈现，由气质刚柔并济的模特演绎。运动装也出现在该系列中，其中，香奈儿的“滑雪系列”作品将斜纹软呢、羊绒、针织、马海毛及牛仔面料相互融合，是向香奈儿女士于 20 世纪 20 年代设计的先锋前卫的运动系列作品的致敬。

巡游塞纳河

卡尔·拉格斐邀请宾客登上一艘巴黎游船，观赏2004—2005 早春度假系列发布会，在塞纳河上开启了一次真正的巡游。本季香奈儿经典的风格法则与航海主题元素相融合：从点缀着“香奈儿徽章”的海军风格西装外套搭配 20 世纪 20 年代网球运动服风格的及膝褶裥半身裙，到贝壳与珊瑚造型的项链以及鱼形吊坠手链。

斜纹软呢也以夏日风格进行创新诠释，演绎为亮色斜纹软呢印花泳装、斜纹软呢滚边网球毛衣（呈现出斜纹软呢开衫的效果）。晚装部分有飘逸、轻薄的长款连衣裙，以米色、黑色及蓝色演绎。

CHANEL
5

“香奈儿的二重奏”

卡尔·拉格斐围绕“二重奏”的概念创作本季高级定制服系列作品。也就是说，该系列中几乎每件作品均蕴含双重功能，层叠的设计使其能以多种方式进行演绎。随着模特走上T台，她们会穿上或脱下造型中的一个元素，不论是大衣、外套，还是披肩或面纱。

本季系列作品以黑色与白色为主，在 Berthier工作室（存放巴黎歌剧院布景的地方）内一个明亮的白色几何感空间中展示，系列作品玩味丰盈的量感和材质的变化：斜纹软呢套装搭配相同面料的斜裁连衣裙，高腰雪纺连衣裙搭配修长的凸花蕾丝贴身连衣裙，还有优雅的黑色晚装连衣裙，其上点缀的层叠薄纱呈现丰盈的量感，视觉张力十足。

红毯

长期以来，香奈儿一直与全世界最知名、最优雅的女演员合作，为她们提供造型，从香奈儿女士时代的珍妮·摩露（Jeanne Moreau）、罗密·施奈德（Romy Schneider）、玛琳·黛德丽（Marlene Dietrich），到当今的妮可·基德曼（Nicole Kidman），她曾在世界上最畅销的香水——香奈儿五号的广告影片中担任主角。为了向香奈儿品牌与这些巨星的亲密联结致敬，卡尔·拉格斐重现巴兹·鲁曼（Baz Luhrmann）导演的香奈儿五号广告影片中的场景，将T台布置成一条华美的红毯，模特们伴随着大卫·鲍伊（David Bowie）的歌曲《声名》（*Fame*）一一亮相。

本次发布会由一众超模开场，包括琳达·伊万格丽斯塔、安贝·瓦莱塔（Amber Valletta）、莎洛姆·哈罗（Shalom Harlow）、娜奥米·坎贝尔、克莉丝汀·麦玫娜蜜（Kristen McMenamy）、伊娃·赫兹高娃以及南吉·奥曼恩。她们皆身穿极致华美的黑色连衣裙，在为T台尽头的摄影师们摆出各式经典造型后走上T台。系列作品呈现了一系列优雅的晚装连衣裙，呼应着红毯的主题，其中，一袭长款黑色天鹅绒露背直筒连衣裙，搭配白金与钻石打造的香奈儿五号高级珠宝吊坠项链，彼此完美映衬，相得益彰。这条连衣裙曾经由妮可·基德曼穿着，出现在巴兹·鲁曼导演的广告影片中。在本场发布会结束时，坐在观众席的妮可·基德曼与卡尔·拉格斐在摄影师的簇拥下，一起走上铺着红毯的T台。

CHANEL

香奈儿在日本

香奈儿高级手工坊系列向品牌于21世纪初收购的五家高级手工坊致敬。本季以“巴黎 - 东京”为主题，选择在日本发布，以庆祝香奈儿在繁华的银座购物区开设的共十层楼的旗舰店开幕。这家全世界最大的香奈儿旗舰店由建筑师彼得·马里诺（Peter Marino）设计，屋顶有一座名为“Tweed Garden”的花园，还开了一家名为“Beige”的奢华餐厅，由名厨艾伦·杜卡斯（Alain Ducasse）主理。

“五是属于香奈儿的神奇数字，”拉格斐说道，“这五家高级手工坊完全掌握了香奈儿的设计语汇。”他将本系列作品视为日本的超现代性与香奈儿巴黎工坊的精湛工艺之间的一次对话。斜纹软呢与针织作品点缀金色星形亮片刺绣或编结滚边。剪裁比例则玩味视觉对比，如褶饰超短裙搭配套头衫。模特的妆发造型从漫画世界中汲取灵感，与本系列的未来主义风格相得益彰。“所有的细节都极致考究，”拉格斐对《女装日报》说道，“同时也洋溢着日式摇滚风格。”

法式花园

本季作品以“法式花园”为主题，在一个以 18 世纪风格为灵感而设计的雅致“花园”中呈现。场景中设置了灰色石材砌成的八角形水池、白色木质围栏以及装点着山茶花的绿植雕塑。这一现场设计为香奈儿在巴黎大皇宫的宏伟花园发布的 2011 春夏高级成衣系列（见 484–487 页）和凡尔赛宫发布的 2012 早春度假系列（见 520–523 页）埋下伏笔。

受 18 世纪启蒙时代的启发，拉格斐以全新的剪裁比例以及象牙色、珍珠色、粉红色、淡紫色和黑色等色调，对标志性的斜纹软呢套装进行创新诠释。半身裙亦呈现了不同的款式，配以编结滚边、流苏、褶饰，或是点缀亮片刺绣，与装有大号搭扣的腰带搭配。

红衣主教式的帽子、白色羽毛打造的假发（代替了扑粉的宫廷式发型）、荷叶边袖管及优雅的宫廷风格鞋履——这些从 18 世纪凡尔赛宫廷全盛时期撷取的设计元素，被重新以当代的方式进行演绎。不同样式的蝴蝶结装点在短款蕾丝连衣裙上，灵感来自蓬帕杜夫人（Madame de Pompadour）在她众多肖像画中所穿的服装。

小黑裙

本季，卡尔·拉格斐的模特们身穿迷你连衣裙，画着黑白搭配的眼妆，让人联想到戴安娜·弗里兰在 20 世纪 60 年代发掘的代表性模特佩内洛普·特里（Penelope Tree）。为了纪念可可·香奈儿首创的小黑裙问世 80 周年，本系列以鲜明醒目的黑白为主色调，以各种方式创新演绎小黑裙：简洁利落的衬衫领和白色袖口，搭配浪漫的褶饰薄纱“麦克法兰”式三重领，或是黑色丝缎打造的鸡尾酒裙款式，其上点缀珍珠与缎带。

本系列推出之时，恰逢著名的 2.55 菱格纹手袋问世 50 周年，该款作品由香奈儿女士于 1955 年 2 月推出。由是，拉格斐在本系列中亦重点呈现了该款手袋，将其搭配日装与晚装造型，并特别创作了“复古造型”的款式，以做旧效果的黑色或灰色皮革打造，配以银色或金色链条。

ANEL

车轮上的香奈儿

本季早春度假系列以巴黎为背景，卡尔·拉格斐邀请宾客和模特们来到协和广场，一队复古的绿色“香奈儿”巴士等候于此。这些巴士带着乘客们绕城而行，穿过塞纳河，前往时髦的圣日尔曼德佩区。车队偶尔停下，模特们走过车内的通道，经过宾客以换乘车辆。“我小时候很喜欢在巴黎乘坐巴士，”拉格斐对《女装日报》说道，“我喜欢观看这个城市的风景。”

该系列作品色彩鲜艳，风格休闲自在，有各式趣致精妙的配饰，例如微缩版的埃菲尔铁塔手链挂饰。拉格斐将本季作品描述为“欢乐畅快且自在轻松”，将其作为对巴黎的致敬。此行的终点是这座城市最具标志性的地点：花神咖啡馆。纪尧姆·阿波利奈尔（Guillaume Apollinaire）、巴勃罗·毕加索（Pablo Picasso）、让－保罗·萨特（Jean-Paul Sartre）、西蒙娜·德·波伏娃（Simone de Beauvoir）都曾是这里的常客。本季发布会的宾客们最终聚集于此，欣赏一系列精美的晚装礼服作品。

CHANEL
CROISIERE 2005/6 LIGNE CONCORDE - CAFE DE FLORE
MARDI 17 MAI 2005
Départ : 10 H 30 précises
-
Place de la Concorde
PLACE DE LA
CONCORDE
CAFE DE FLORE
PONT DES
TUILERIES
PONT
ROYAL
PONT DES
CARROUSEL
RUE DES
S.T. PERES

“隐秘的奢华”

本季高级定制服系列以“隐秘的奢华”为题，在位于巴黎北部的Berthier工作室发布。T台布置在一个白色的空间内，中央为高出地面的同心圆台，观众席则围绕该圆台排列。50名模特身穿黑色服装依次走上T台，就位站定。

本系列共有50款黑色大衣，设计各异，以不同的材质（从漆皮到丝绸，从珍珠到羽毛）、不同的剪裁与廓形（包括爱德华时期风格斗篷、宽摆披肩、圆形披肩、伞状和服、宽松外衣及亮片礼服大衣等）呈现，甚至黑色本身也呈现出不同的色调与质感，从曜石黑到乌黑、磨砂黑、漆黑及纯黑。

50款大衣突然间敞开，显露出穿在其内的众多华美连衣裙与套装。这是一种“隐秘的奢华”，致敬香奈儿连衣裙与大衣相搭配的造型方法。这些大衣的内衬（从斜纹软呢到山茶花刺绣）也与内搭服装的颜色与材质形成呼应。令人炫目的婚纱连衣裙由2000朵山茶花制作而成，搭配宽大的塔夫绸斗篷，其内衬点缀以可可·香奈儿钟爱的山茶花，完全遵循香奈儿的经典风格法则。

“当可可遇见詹姆斯·迪恩”

在火花兄弟乐队创作的由黑暗乐队(The Darkness)主唱贾斯汀·霍金斯(Justin Hawkins)翻唱的《这个小镇对我们俩来说不够大》(*This Town Ain't Big Enough for Both of Us*)的歌声中，拉格斐通过这场名为“当可可遇见詹姆斯·迪恩(James Dean)”的发布会让两位风格偶像“会面”。可可·香奈儿与这位演员从未真正地会面过，詹姆斯·迪恩辞世之时，可可·香奈儿正于时尚界复出，重开她的高级定制时装屋。但他们在自己的领域均为反叛且从不墨守成规的代表性人物。

T 台被打造成巨型电脑造型，系列作品从电影《无因的反叛》(*Rebel Without a Cause*)中汲取灵感，融合香奈儿经典的风格法则。极其紧身或裁剪成百慕大短裤样式的牛仔裤搭配香奈儿黑白色调的斜纹软呢、闪亮的黑色缎带草帽、柔软的短靴或带有皮质袜套的凉鞋。斜纹软呢外套配以金属链条，半身裙上有着巴洛克式十字印花，而百慕大短裤或 Jersey 针织面料泳衣则搭配詹姆斯·迪恩标志性的具有做旧效果的皮外套。

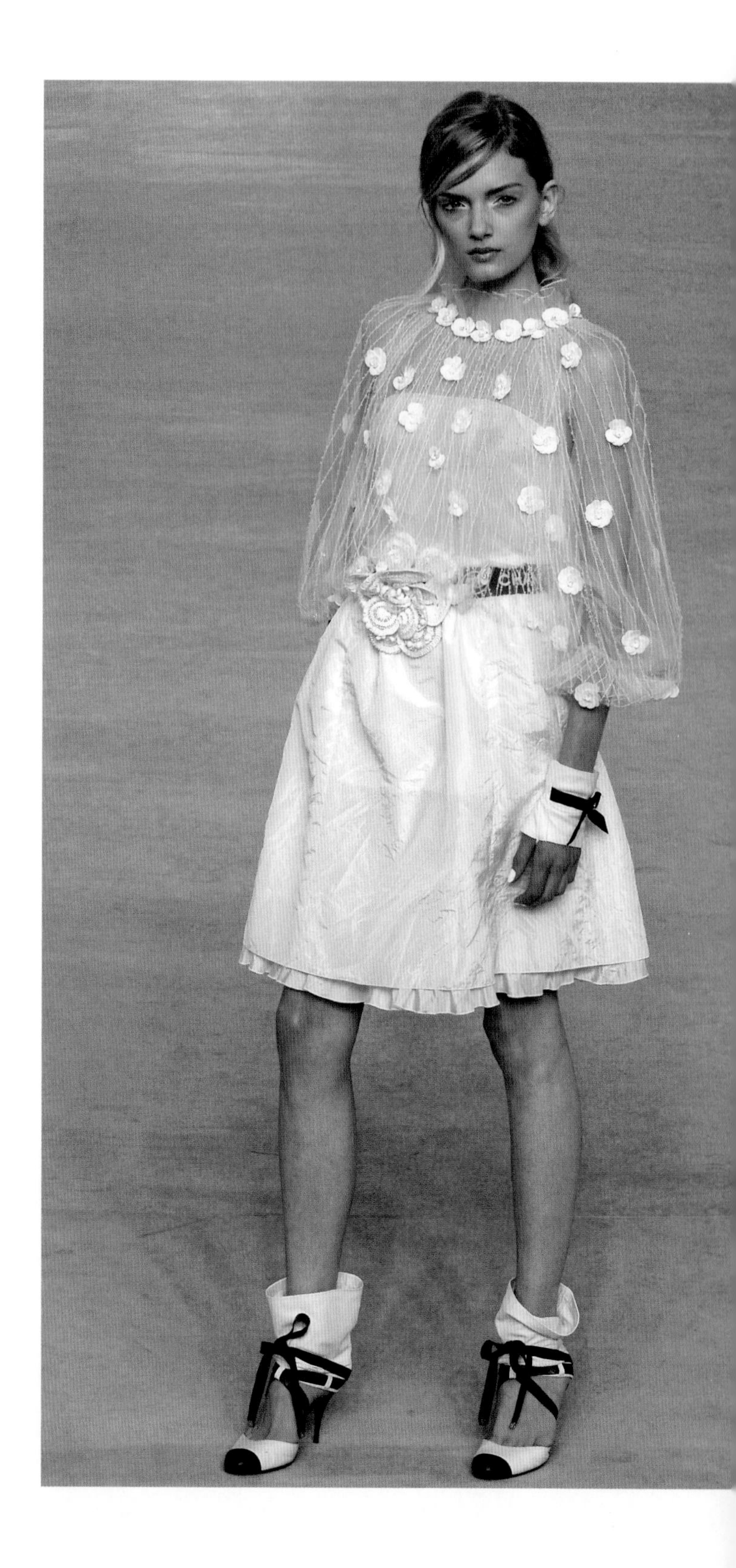

CHANEL

香奈儿在纽约

自 2002 年起，香奈儿每年推出一季高级手工坊系列，向品牌收购的高级手工坊的精湛技艺致敬。继东京（见 348-349 页）之后，卡尔·拉格斐将香奈儿高级手工坊系列带到纽约，以庆祝香奈儿第 57 街旗舰店重装开幕。这间精品店于发布会前两天暂时闭店，被改造为本系列的盛大 T 台，民谣歌手德文德拉·班哈特（Devendra Banhart）为宾客们进行现场表演。

拉格斐的本季系列作品以黑白色调为主，银色、金色及淡粉色成为其亮眼点缀。本季妆发造型风格鲜明：樱桃红的唇色，以及由黑色缎带束起的 20 世纪 20 年代马塞尔式波浪卷发。配饰是本系列作品中的亮点，由 Maison Michel 制帽坊制作的圆顶礼帽为整体造型增添刚柔并济的气息，Lesage 刺绣坊在其上点缀精巧非凡的珠饰细节。当然，还有各式各样的服饰珠宝设计，包括珠宝腰带、胸针，以及珍珠项链、单色手链。

香奈儿的高塔

本季系列作品是对高级定制服的精湛技艺以及香奈儿经典元素的一次致意，时尚评论家萨拉·莫厄尔将其称为“纯粹的香奈儿，如此极致的完美只能借由高级定制服展现”。该系列以端庄典雅的单色斜纹软呢套装开场，腰部线条鲜明，外套剪裁贴身（部分以短款波蕾若式设计呈现），袖子为七分袖设计，均搭配平底双色皮靴（灵感来自可可·香奈儿在20世纪50年代末常穿的双色皮鞋）。

晚装部分，连衣裙的设计极具童话气息，以黑色、白色、淡灰色、粉色及蓝色呈现，并点缀以刺绣、织金线、亮片、珍珠、精致的蕾丝或鸵鸟羽毛。该系列最后一款连衣裙将发布会推向高潮：一袭空灵轻盈的婚纱连衣裙点缀以华美精妙的刺绣，由莉莉·科尔（Lily Cole）演绎。

发布会以令人出乎意料的方式画下句号。现场宾客目睹着T台中央的立柱缓缓升向巴黎大皇宫的玻璃穹顶，露出洁白的旋转楼梯，所有模特们均站于其上。

“舞台上的巴黎”

为呈现本季系列作品，巴黎大皇宫内特别打造了一个剧场，并为观众准备了包厢和隔间样式的座位，拉格斐将这个系列称之为“舞台上的巴黎”。

香奈儿经典的黑白双色构成了该系列的主要色调，迷你裙和长款连衣裙与长筒靴搭配，伴随着赛日·甘斯布情绪浓烈的歌声，发布会现场洋溢着青春的气息与摇滚精神。拉格斐说：“今天的一切都与腿部线条有关。半身裙要么很短，要么很长，没有中间状态。”

模特们头戴可可·香奈儿标志性的缎带与蝴蝶结，身穿经典黑白双色斜纹软呢外套，搭配荷叶边衬衫、黑色牛仔裤或皮革迷你裙，然后是修身大衣造型，胸衣及肩带镶嵌水晶的晚装连衣裙、珠宝腰带、彩色玻璃窗与十字架图案刺绣以及拜占庭风格的大号胸针。

中央火车站

继在纽约旗舰店发布高级手工坊系列作品（见368-371页）后，香奈儿在半年之内再次来到纽约。本季发布会出人意料地选择了一个标志性地点：川流不息的纽约中央火车站。

被这座城市深深吸引的拉格斐说："我必须说我喜欢这里，所有和我一起工作的人都会来纽约，看看这里正在发生什么，街道中的活力是我们在巴黎无法体验到的。"他补充道，"早春度假系列是关于旅行的，所以火车站的象征意义非常棒……一直以来，我都喜欢这里，我认为这是纽约最漂亮的空间之一。"

模特们在硬摇滚乐的伴奏中走上T台。本系列作品极富女性气息，也有先锋的摇滚气质，同时呈现了各式各样的配饰作品：从满臂的手镯到长长的丝带、鲜明醒目的耳环，还有令人惊艳的及膝漆皮角斗士凉鞋。

高级定制牛仔面料

本季系列作品在巴黎郊区布洛涅森林的一个圆形帐篷中发布，时尚评论家萨拉·莫厄尔将其形容为“中世纪风格”。该系列以超短裙搭配高级定制款式的奢华刺绣长筒靴（该款设计曾出现在上一季的香奈儿高级成衣系列中，见376–379页），让人想起中世纪最华丽的彩绘手稿。

拉格斐在高级定制服系列中罕见地使用了牛仔面料元素，将其设计为长款无指手套，并将牛仔裤裁剪制作成长筒靴。正如拉格斐所言，因为“真正的奢华就是可以自由地混搭。”

“这季系列作品玩味剪裁比例，”他继续说道，“呈现动态感是其中的重中之重，打造适合都市与现代生活的廓形，展现一种鲜明的态度，某种视觉上的强大气场……肩线收窄、更具量感的袖筒、小头、纤瘦的身体以及无限延伸的腿部线条，这就是我们这个时代关于美丽的理想形象。”

白色与金色

巴黎大皇宫的中心被打造成一个大型试衣间，本季系列作品在此发布。一众模特如可可·香奈儿时代的香奈儿模特们在试衣间中那般，身穿短款白色棉质外套走上T台，这种装扮完美地映衬出众多金色服饰珠宝：从山茶花胸针到铸式手镯（有些刻有香奈儿女士的语录）、珠宝腰带、链条珍珠项链。

本季，配饰作品成为重点，从无处不在的珠宝，到20世纪60年代风格的圆框太阳眼镜以及透明树脂底楔形鞋。系列廓形以超短剪裁呈现（包括一系列点缀黑色亮片的高腰超短裤），搭配金色或交织着字母图案的腰带，凸显腰线。本系列作品的颜色则围绕着白色、黑色、灰色、金色及银色等简洁色调展开。

系列白色泳装以 Jersey 针织面料打造出斜纹软呢的幻象效果，精致细腻，渲染系列作品的假日氛围。泳装皆搭配以大量的服饰珠宝，拉格斐说：“更像是为泳池边的午餐会准备的泳装。”

蓝色列车

本季发布会在摩纳哥蒙特卡罗歌剧院举行。系列作品灵感源于迪亚吉列夫的俄罗斯芭蕾舞团，特别是其 1924 年的先锋芭蕾舞剧《蓝色列车》(*Le Train Bleu*)，香奈儿女士为这部芭蕾舞剧创作了戏服。本剧由香奈儿女士的挚友尚·考克多(Jean Cocteau)创作，并以由巴黎(以及为伦敦富豪设置的加莱站)开往蔚蓝海岸的奢华“蓝色列车”命名。1929 年，可可·香奈儿在蔚蓝海岸建造了一座奢华的别墅，取名为“La Pausa”。

“虽然有一些芭蕾舞以及俄罗斯军事元素，但本质上依然是一种极具都市感的造型。”拉格斐说道。该系列作品共分为三“幕”：日装、鸡尾酒会装、晚装，展现香奈儿旗下高级手工坊的精湛工艺，充满浪漫主义气息与巴洛克风格，包括 Desrues 服饰珠宝坊打造的精美珠宝作品，饰以多彩宝石、丝缎及飘逸薄纱的华美珐琅手袋，以及有着大号蝴蝶结的精美丝缎拖鞋。“一切都以轻盈方式进行叠搭。”拉格斐介绍道。

ROSSINI
PARIS - MONTE CARLO

“垂直的灵动”

5 位身穿黑色丝质连身工装裤的香奈儿男孩在发布会的 T 台上铺设了一块印有双 C 标志的巨大地毯，伴随着歌手猫女魔力（Cat Power）的现场音乐表演，包括对滚石乐队以及史摩基·罗宾逊（Smokey Robinson）经典作品的翻唱，拉格斐创作的全新高级定制服系列作品一一呈现，本季系列作品聚焦轻盈与轻透感。

本季模特的平底或低跟鞋皆由 Massaro 鞋履坊制作，以小山羊皮、丝缎、鳄鱼皮及罗缎打造。模特眼部被轻透的薄纱遮盖，“这是帽纱的现代演绎，”拉格斐说道，“它依然具有保护的功能，同时让造型变得更加神秘。”

该系列作品展现极致的轻盈感，薄纱、欧根纱、羽毛贯穿其间。拉格斐解释说：“我想要围绕‘垂直的灵动’这个概念去创作一个系列作品。”

拥有顶尖工艺的 Lemarié 山茶花及羽饰坊采用 26 种不同的羽毛进行创作，以鸵鸟毛及鹳毛为主，呈现黑色、白色、海军蓝、淡粉色及淡绿色的作品（所有手套、耳环及头饰设计均由鸵鸟毛打造）。Desrues 服饰珠宝坊则从非洲艺术及 20 世纪 60 年代的图案中汲取灵感，创作了 150 余对大号圈式耳环。

在发布会的尾声，T 台背景的幕布被拉开，站于其后的一众模特、工匠、阿曼达·哈勒奇以及时任香奈儿创意工作室总监的维吉妮·维娅齐齐亮相，他们跟随拉格斐走上 T 台，一起迎接掌声，这场发布会旨在向香奈儿工坊的独特工艺致敬。

雪中巴黎

为呈现本季独具氛围感的系列作品，香奈儿在巴黎大皇宫打造出浪漫的冬日场景，包括溜冰场、积雪滩以及悬挂于玻璃穹顶下的巨大云朵。卡尔·拉格斐介绍道："这些云朵的制作使用了6 000米的塔勒坦薄纱，然后安装于一个金属结构上，总计有20吨重。"发布会谢幕时，千万片纸质雪花飘落下来，落到模特身上，充满诗情画意。"这也是对全球变暖问题的呼吁，现在每个人都在谈论这件事情。而且，我真的很喜欢城市中的雪景。"拉格斐说道。

拉格斐打破品牌标志性的柔和色彩，采用炙热的红色、明亮的绿松石色、鲜亮的黄色、亮紫色以及紫红色和覆盆子色打造这一季作品。他说道："香奈儿女士常用米色及黑色，但她也经常使用馥郁的颜色，如红色。她的斜纹软呢非常多彩。我喜欢黑白，但色彩就在我们身边，于是我让它成为一种真正值得渴望之物。"

“香奈儿航线”

请于 2007 年 5 月 18 日（周五）晚 7 点 30 分前来洛杉矶圣莫尼卡机场 8 号停机库——这是香奈儿向其好莱坞宾客寄送的邀请函信息，邀请他们登机观看本季全新早春度假系列，受邀嘉宾包括黛米·摩尔（Demi Moore）、林赛·罗韩（Lindsay Lohan）、黛安·克鲁格（Diane Kruger）、蒂塔·万提斯（Dita von Teese）及米拉·乔沃维奇（Milla Jovovich）等。

停机库被打造成一间机场专属休息室，有三个鸡尾酒吧，每个座位上均放置了一个登机包，内有一叠由卡尔·拉格斐为本季系列作品拍摄的摄影大片、一瓶好莱坞偶像玛丽莲·梦露（Marilyn Monroe）喜爱的香奈儿五号香水，还有一份航班时刻表，上面列明“香奈儿航线”起飞及降落时间。来宾们在 T 台上看到不只单独一架，而是两架印有双 C 标志的挑战者 601 型喷气式飞机。

模特们走出飞机来到停机坪。拉奎尔·齐默曼（Raquel Zimmermann）首先出场，她身穿袖口饰有条纹的海军蓝连身衣，正如妮可·菲尔普斯（Nicole Phelps）的描述，这是“介于机长制服与头等舱乘客旅行装之间的造型，非常适合精英人群”。其他模特随后亮相，从百慕大短裤及运动风帽子到黑色亮片长袍，创新诠释了美国西海岸的经典风格。

“机场和飞行已经成为一种噩梦，”拉格斐解释道，“但洛杉矶是关于私人飞机、豪车及迷人的生活方式的梦想，而早春度假系列是关于自由的梦想。”

N722HP

“侧影魅力”

圣克卢国家公园占地 460 公顷，建于 17 世纪中叶，由曾任凡尔赛宫花园设计师的安德烈・勒诺特尔（André Le Nôtre）设计，极具田园牧歌般的法式风格，全新一季高级定制服系列在此发布。本系列的与众不同之处在于，它聚焦于模特与服装的侧影。

“有一种凸显侧影魅力的效果，”卡尔・拉格斐说道，“我们一直围绕着造型的正面或背面创作，从未真正地关注侧面。尤其考虑到，侧身其实能让整体形象更为修长……正面的一切都是平的，魅力都来自侧影。”短款斜纹软呢套装饰以编结滚边，连衣裙两侧点缀珠串、丝缎蝴蝶结、欧根纱饰带或银色飘带，长款连衣裙则以宝石点缀，这些华美的宝石刺绣于蓬松的层叠薄纱之上。

“从头到脚都凸显身体的线条。”拉格斐补充道，他指的是由 Maison Michel 制帽坊打造的 30 余款（20 世纪 20 年代）时髦女郎（flapper）风格的紧贴头部的兜帽，以斜纹软呢、薄纱、蕾丝或欧根纱演绎，其上点缀着亮片、宝石、羽毛或山茶花。这些非同寻常的创作未来感十足，拉格斐介绍道：“给华美增添一份现代感，让人想起电影《太空英雌芭芭丽娜》（*Barbarella*）中的造型。”

“夏日夜晚”

本季系列作品名为“夏日夜晚”。T 台前布置了一个巨大的海军蓝蝴蝶结，这是香奈儿的标志元素之一，模特先在其后站定，随后走上午夜蓝 T 台。开场造型为一系列牛仔面料套装，其中甚至包括牛仔面料浴袍式套装。无处不在的海军蓝星形图案与香奈儿的双 C 标志交织，呈现于连衣裙与连身裤上，搭配红白双色条纹外套，打造出“星形与条纹”的整体效果。

伴随着罗内特乐队的歌曲《做我的宝贝》(*Be My Baby*)，20 世纪 40 年代强调肩部的廓形、连身裤、厚底鞋等设计在整个系列作品中大量出现，其中，鞋履还加入了香奈儿的创新：配以脚踝包。标志性的 2.55 手袋以绗缝皮质或斜纹软呢的精巧款式呈现，系于脚踝处（直接系在腿上或者系于裤装外）。拉格斐玩笑说，这很像“自行车裤管夹”。

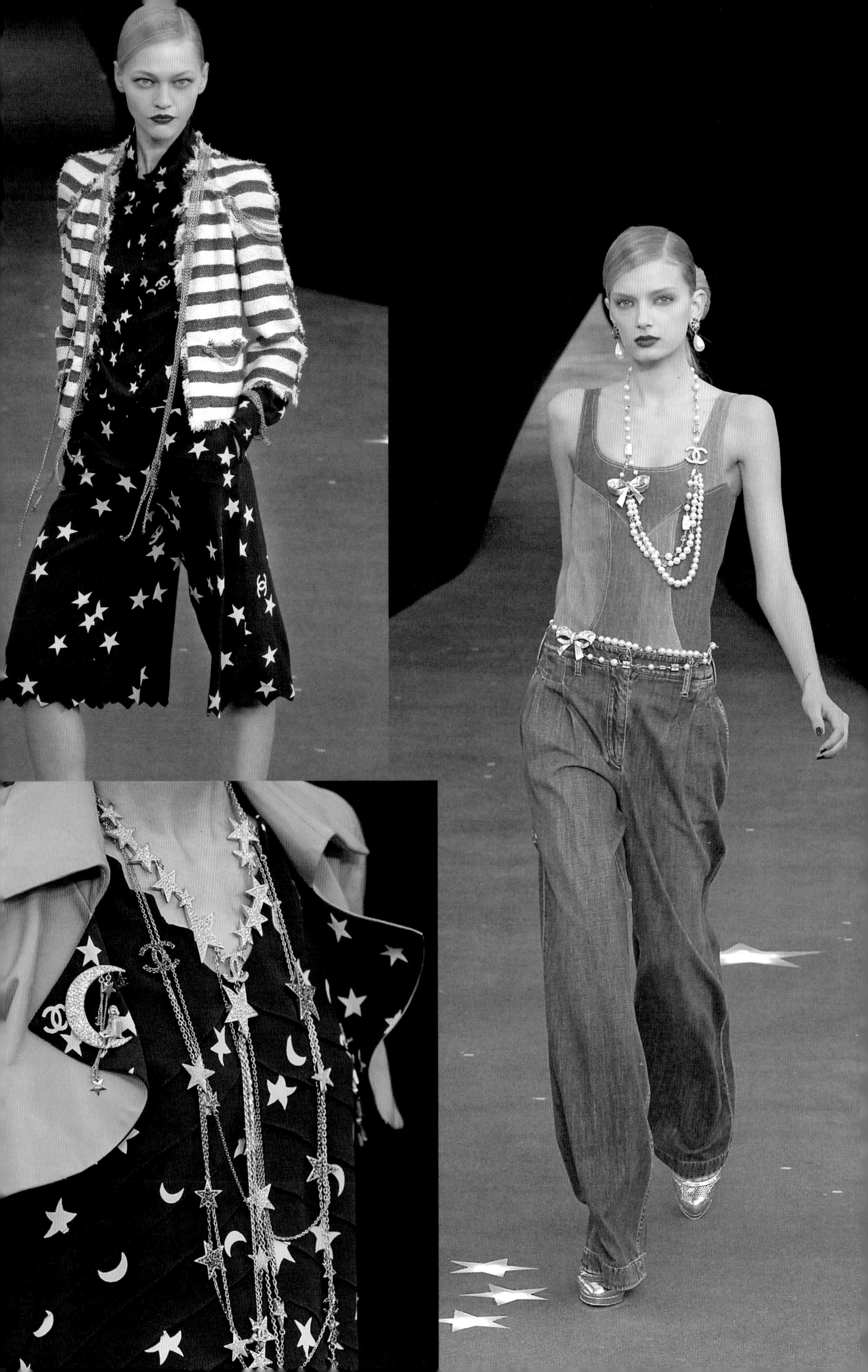

伦敦来电

“去伦敦是香奈儿的一个梦想，但我不常来伦敦，因为我只会因为工作前往某地。”拉格斐对苏西·门克斯说，他同时提到可可·香奈儿与英式风格的联结，这种联结是在她与亚瑟·鲍伊·卡柏（Arthur ‘Boy’ Capel，又称卡柏男孩）的交往中形成的。这位喜欢打马球的英国商人曾是她的挚爱，曾资助她开设第一间女帽店。而极为富有的西敏公爵则陪伴她游历了英格兰及苏格兰，苏格兰是斜纹软呢的发源地。

本季发布会在维多利亚的菲利普斯拍卖行举行，由模特转型的歌手艾瑞娜·拉萨雷努（Irina Lazareanu）与西恩·列侬（Sean Lennon，约翰·列侬和小野洋子的儿子）在钢琴前共同进行音乐表演。系列作品进一步致意伦敦的音乐传承，呈现包括以朋克音乐为灵感的胸针及安全别针，以及高耸的蜂巢式发型与浓重的眼线，这样的妆发造型就像“艾米·怀恩豪斯（Amy Winehouse）遇见碧姬·芭铎（Brigitte Bardot）”。

系列作品保留了香奈儿标志性的黑色调，呈现大量深色服装，搭配平底鞋、大号哥特式十字架及蕾丝手套，呈现出淡淡的“康登镇”气息。

时尚丰碑

混凝土制成的巨型香奈儿外套雕塑耸立于巴黎大皇宫的中央，化为本季高级定制服系列发布会的背景，缓缓旋转。外套上装饰以混凝土制成的口袋、编结滚边及印有双C标志的纽扣，向可可·香奈儿的经典之作及其对时尚史和当代时尚界所产生的深远影响致敬。

“很多人认为香奈儿只创作外套，但其实她在一开始就推出了各种设计。”拉格斐对苏西·门克斯说，并提到可可·香奈儿在20世纪30年代的照片里穿着蕾丝褶边的丝缎长裤。

模特们从这件被*VOGUE*杂志比喻为“巨大海岩”的巨型外套下现身，她们身穿短款连衣裙，搭配精美的芭蕾舞平底鞋，灵动演绎这个被拉格斐笑称为“香奈儿贝壳”的系列，因为系列作品的灵感源于海底世界及贝壳的螺旋形状与迷人色彩。

半身裙与连衣裙作品以垂褶、卷捻或褶饰设计呈现,呼应海螺的外壳曲线。而配以贝壳形状搭扣、色彩柔和的毛圈呢外套，以及其他奢华的面料，则令人想起大海的漩涡曲线与清澈感。

香奈儿的旋转木马

为发布全新系列作品，香奈儿在巴黎大皇宫的中心布置了大型的旋转木马，不过其中奔跑的不是马，而是香奈儿经典作品的雕塑，包括蝴蝶结、菱格纹手袋、可可·香奈儿标志性的平顶帽、珍珠链条、香奈儿外套等。“基本上，香奈儿还是非常法式的，我们在以前的创作中呈现了所有香奈儿的经典符号，包括山茶花、纽扣、珍珠、手袋等，”拉格斐解释道，“但是这些元素在本季的发布会中几乎都没有出现，只有一个小号手袋，因为时尚一直在变。”正如时尚评论家萨拉·莫厄尔所写：“这是一个恰当的比喻，象征着品牌经典设计的永恒转动，也象征着当下的时尚已经成为一台谁也无法让它停止的机器。”

本系列作品演绎了香奈儿著名的斜纹软呢面料（完全由手工打造）。外套在手肘处采用了磨损效果的设计，编织纹理被拆开。“当你购买昂贵的衣服时，不应该表现出它们花了很多钱的样子，你应该能够像对待一条廉价牛仔裤一样地破坏它们。”拉格斐对法国新闻社说道，“我喜欢把香奈儿斜纹软呢当作普通的面料来对待。”

泳池边的欢乐

卡尔·拉格斐说："迈阿密是永恒与自由之地。在这里，一年四季都能享受纯粹的休闲、海滩与阳光，这里是发布早春度假系列的完美选择。"本季，这位设计师创作了一系列休闲造型作品，许多作品以极具夏日感的白色与黑色呈现：乙烯基材质与斜纹软呢外套、视觉感十足的条纹泳装、丝缎及牛仔喇叭裤、细肩带上衣、配以腰带的米色毛巾布外套、阔版毛衣，以及结构感与丰盈量感兼具的廓形，所有设计皆洋溢着 20 世纪 70 年代的复古魅力。

本季早春度假系列发布会在迈阿密著名的装饰艺术风格酒店 Raleigh Hotel 举行。T 台特别沿着酒店的泳池边缘设置，该泳池本身已经被 20 世纪 40 年代的好莱坞电影塑造为一个经典场景。

这场时尚发布会以令人出乎意料的方式结束，美国花样游泳队戴着由香奈儿设计的泳帽、鼻塞及泳镜走上 T 台，并表演了一段水上芭蕾舞，她们在表演最后排成了双 C 形状的队列。

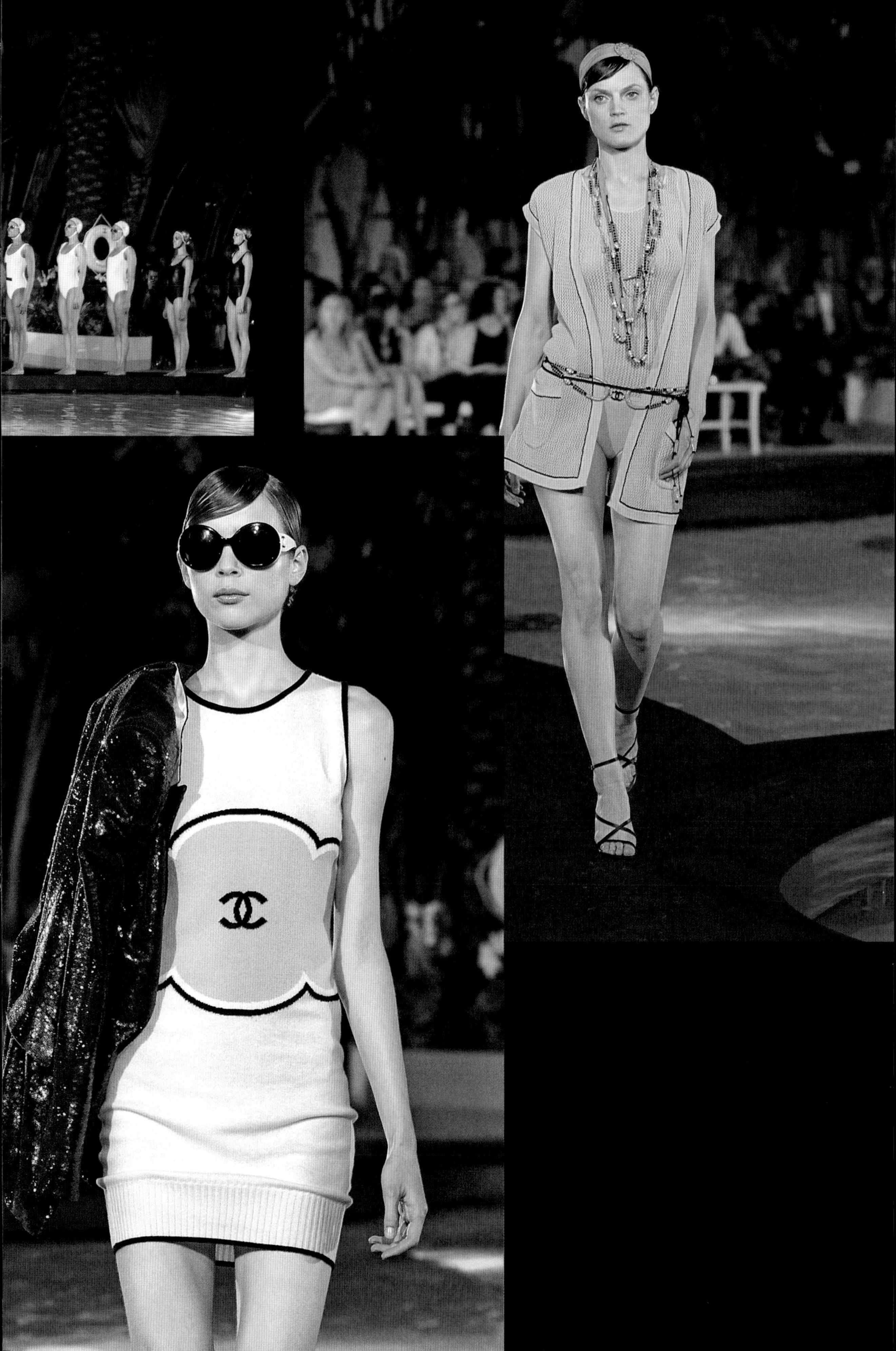

“管风琴与音乐”

卡尔·拉格斐在巴黎大皇宫雄伟的玻璃穹顶之下设置了一个高达37米的中央管状装置。“有一天，”拉格斐说道，“我在欣赏一场钢琴音乐会……一切都是从那个时候开始的，是夏沃音乐厅的管风琴给了我灵感。”

本系列围绕“管风琴与音乐”展开，但并未以太过直白的方式呈现这一乐器。“我并非只是将其作为一个主题元素来运用，”拉格斐坚持说，“而是将其当作一种视觉效果，转化为具体的廓形、刺绣设计以及有着丰盈量感的褶饰。”一些连衣裙及大衣上凹凸有致的褶饰从管风琴的形状中汲取灵感，以冷峻的、带有金属质感的中性色呈现，鲜明地呼应着拉格斐的灵感起源。

“我喜欢这种近乎孩子气的波波头，让一切都变得纯粹简单，让你能更专注于廓形设计。”拉格斐解释道，“这次我想增加一些量感，并带来一些新的剪裁比例。香奈儿女士有过羊腿袖元素的设计，但是她从未创作过一整季都是修身量感的作品。我们必须不断地演进，在高级定制服中增添一些廓形感是非常优雅的。”

康朋街 31 号

为呈现全新一季系列作品，香奈儿在巴黎大皇宫内 1 : 1 搭建了康朋街 31 号的外立面，唯一的变化是：街道不再与品牌精品店平行，而是直接通向它。“这就像一场好莱坞式的景观。”卡尔·拉格斐说道。本季壮观恢弘的布景仿若电影场景，让发布会如同一部电影短片般推进，模特们在其中扮演着时髦巴黎客的角色。

1918 年，香奈儿女士购入康朋街 31 号，如今这里仍是她的私人寓所、她用来举办发布会的高级定制服沙龙，在这幢建筑物的顶层，还设有两间高级定制服工坊。

伴随着 Madness 乐队的歌曲《我们的家》(*Our House*)，该系列以黑色、白色、粉色及灰色向香奈儿经典风格致意。香奈儿标志性的“双色调”图案则从鞋履转移到裤袜上（膝盖以上为哑光，以下则为轻透设计），香奈儿精品店的购物袋则以奢华的皮革款式呈现。

31
CHANEL
CHAN
CHANEL
31, RUE CAMBON

CHANEL

从沙皇到俄国农夫

本季高级手工坊系列作品献给一个国家的首都，亦献给让可可·香奈儿着迷的俄罗斯文化。她曾资助并全情投入迪亚吉列夫的俄罗斯芭蕾舞团的创作，她与伊戈尔·斯特拉文斯基（Igor Stravinsky）和狄米崔·帕夫洛维奇大公（俄国沙皇尼古拉二世的堂弟）关系密切，她早期曾与20世纪20年代在巴黎的俄罗斯流亡者所建立的刺绣工坊［如狄米崔大公的妹妹玛丽亚·帕夫洛夫娜（Maria Pavlovna）女大公的Kitmir刺绣工作室］合作，她曾设计拜占庭风格的珠宝，还与俄罗斯沙皇宫廷前调香师恩尼斯·鲍（Ernest Beaux）合作推出香奈儿五号香水以及“俄罗斯皮革”珍藏系列香水。

本季发布会在巴黎拉尼拉格剧院举行，开场前放映了卡尔·拉格斐创作的首部电影短片《可可1913—香奈儿1923》，重现了可可与狄米崔大公的爱情故事。这部短片融入了俄罗斯文化的方方面面，包括俄罗斯帝国的辉煌和荣耀、20世纪初的俄罗斯先锋派艺术作品［特别是柳博芙·波波娃（Liobov Popova）的作品，她的画作《绘画建筑学》（*Painterly Architectonics 1918—1919*）直接启发了Lesage刺绣坊创作出晚装连衣裙上的几何形刺绣］、建构主义美学以及斯拉夫民俗（包括呈现尕古什尼传统头饰的奢华款式）。

PARIS
Париж

白色系列

在 Pavillon Cambon Capucines 展馆的玻璃穹顶下，香奈儿打造了一个壮观的纯白色世界，仿若一本翻开的巨型白色立体书，由白色纸雕的玫瑰、雏菊、叶片及花瓣构成，共 7 000 朵手工制成的纸质花卉沿着 T 台入口楼梯的栏杆盘旋而下，环绕在室内 32 根立柱上。

卡尔·拉格斐从立体书中汲取灵感，将这种三维设计的俏皮与精致融入连衣裙、套装甚至是模特发型的设计中，展现他称之为“全新定义的低调”。模特们的头饰均由日本艺术家加茂克也（Katsuya Kamo）创作，用纸雕作品展现山茶花、银莲花、叶片、羽毛、树枝等自然界中的生物形态，其灵感来自本季系列作品的花卉主题以及 18 世纪精美的白瓷塑像。

在斜纹软呢、塔夫绸、欧根纱、丝缎等传统面料上呈现薄纸般的精细感，这是拉格斐在本季给自己设定的挑战。他说道：“在所有材料之中，我最喜欢纸张。它是绘画的起点，也是摄影的终点。我无法解释纸张的触感。这是一种极为简单的材料，但 Lesage 刺绣坊让它变得华美珍贵。”

向布鲁梅尔致意

在极为纯净的白色系列（见 438–441 页）之后，卡尔·拉格斐继而向黑色致敬——各式各样的黑色。发布会现场被隔成八个相连的白色空间，铺设黑色缟玛瑙漆面地板。

“这一季系列被称为‘香奈儿的布鲁梅尔’［意指英国绅士博·布鲁梅尔（Beau Brummell）］，他开创了深色男装造型，将领带、围巾、领口及袖口作为整体造型的亮点。”拉格斐解释道。所以，本季作品中，他在优雅的黑色连衣裙及黑色套装的领口及手腕处，装饰以白色薄纱、丝透纱及塔夫绸。

这片黑色的海洋被淡粉色及翠绿色所点缀，精致的白色可拆卸领口及袖口与此形成对比。拉格斐为该系列引入可拆卸设计，让该系列服装能够变化穿法。“我的任务是让香奈儿与时俱进。一件可以变化穿法的连衣裙是非常现代的。一款连衣裙，可以呈现两个造型。”他说道。

香奈儿标志性的外套以三种不同的剪裁长度呈现，点缀以土耳其式编织流苏，采用“纸质”幻象效果斜纹软呢，或与线条流畅的男式风格裤装搭配。帽子由 Maison Michel 制帽坊打造，而大衣式连衣裙、套装及晚装礼服则采用浮雕花纹弹性面料、网状凸花蕾丝、饰有墨黑色珠子的 caviar 刺绣、宝石纹理的羊毛、丝缎质感皮革、丝质 Jersey 针织面料或绉绸。

CHANEL

“可可在丽都岛”

黄昏时分，本季早春度假系列在威尼斯丽都岛的木板路上呈现，卡尔·拉格斐将其称为“可可在丽都岛”，致意这个可可·香奈儿十分钟爱的度假胜地。自1920年，她在威尼斯与塞尔吉·迪亚吉列夫（Sergei Diaghilev）相遇后，将近十年间，她一直定期拜访这座城市。

系列作品从20世纪30年代的“咖啡公社”中汲取灵感，其中包括卢奇诺·维斯孔蒂（Luchino Visconti）的电影《死于威尼斯》（*Death in Venice*）（这位意大利导演也是可可·香奈儿的朋友，在她的帮助下开启了自己的电影事业）、极富文艺复兴风格的正红色以及福图尼印花。本季发布会的开场造型为三角帽搭配大衣，让人想起浪荡公子的形象以及黄金时代的威尼斯狂欢节，紧随其后的是以贡多拉为灵感的条纹、俏皮的沙滩装、层叠搭配的珠宝以及极度优雅的及地晚装。

本季的发型与妆容设计灵感来自玛切萨·路易莎·卡萨提（Marchesa Luisa Casati），这位红发碧眼的意大利贵族及艺术赞助者因对化装舞会的热爱及怪异事物的品味闻名，例如，她会把活蛇当作珠宝佩戴，或者用点缀着钻石吊饰的牵引绳牵着宠物猎豹散步。她是20世纪一二十年代的标志性人物。

香奈儿五号香水

黑色线条将白色的场景分割成许多方格，四个巨大的香奈儿五号香水瓶（也是模特走上T台的入口）耸立于巴黎大皇宫的玻璃穹顶之下。“有什么能比香奈儿外套和香奈儿五号更具传奇魅力？”卡尔·拉格斐反问道。他在本季系列作品中，将这两个极具标志性的设计结合到了一起。

本季发布会以一系列海军蓝、红色及银色的优雅套装开场，玩味不同的剪裁长度及比例，并结合纯净利落的廓形设计，带来“自在肆意的视觉感与非对称的线条”。模特戴着绣有饰钉与水晶的轻薄头纱，“头纱极为迷人，创造了神秘感……它给你清晰的视野，而你自己却可以隐入头纱之中。”拉格斐介绍道。

模特束起的蓬松发型（有的则佩戴点缀以银饰与珍珠的网纱状钟形帽）贯穿整个系列，使其更具统一感，展现了以华美的刺绣工艺与面料打造的系列作品：从薄纱连衣裙、精致的垂坠感设计，到采用层叠和褶饰设计的刺绣蕾丝，让人想起凡尔赛宫廷风格的连衣裙。

巴黎农场

“我的童年是在乡下度过的。你们最近应该听了很多有关环境的讨论。我想如果能从时尚的角度进行表达，应该会很有趣。”卡尔·拉格斐说道。为了发布本季田园风格的系列作品，拉格斐在巴黎大皇宫内布置了一个巨型的香奈儿农场，其中包括一座 9 米高的谷仓、一些干草堆及花环，并在发布会结束的时候举行了一场由莉莉·艾伦（Lily Allen）为主唱的小型音乐会。

从弗拉戈纳尔（Fragonard）的画作及玛丽·安托瓦内特（Marie Antoinette）在凡尔赛宫上演的《哈姆雷特》（*Hamlet*）中汲取灵感，拉格斐在这田园牧歌般的装置与布景中呈现了一个色调明快、柔和的系列作品，由自然的白色、奶油色及米色组成，粉色、珊瑚色及淡橙色点缀其间，还有以红色、蓝色和白色演绎的罂粟花和矢车菊印花，致意可可·香奈儿在 20 世纪 30 年代末创作的作品。

麦穗图案（这是可可·香奈儿钟爱的幸运符号之一，该元素在其私人寓所中反复出现）及配饰设计亦呼应着本季的乡村主题，包括皮质木底鞋以及由柳条和麻绳制成的小篮子。

东方巴黎

“巴黎 - 上海”高级手工坊系列在黄浦江上一艘85 米长的驳船之上发布，浦东摩天大楼林立的夜景成为本季发布会独特非凡的背景。“我们无法重建这些建筑，所以我们在一艘驳船上建造发布会秀场，让你可以看见上海。这是看得到上海景观的黑色水晶箱。”拉格斐介绍道。

作为一个繁忙的港口城市，上海在 19 世纪及 20 世纪初以其繁荣的大都会气息而闻名，被称为“东方巴黎”。因此，对于这个旨在展示香奈儿巴黎工坊非凡技艺的系列作品来说，上海便是再合适不过的地点。据拉格斐介绍，本季作品亦参考了“非常审慎、非常现代的古中国，以及 17 世纪晚期的‘三帝’时代”。他还为该系列的发布创作了名为《巴黎 - 上海，梦幻之旅》（*Paris-Shanghai, A Fantasy*）的短片。

除了让人想起宫廷风格的富丽堂皇之外，该系列亦致意 20 世纪 30 年代的好莱坞电影以及“中国电影的城市浪漫主义”。同时，从对旗袍、朱红色，到中山装与军帽等元素的参考，也对中国服装的历史进行了创新诠释。

尽管可可 · 香奈儿并未到访过中国，但在其私人寓所内却能看到许多中国艺术品，如她所钟爱的、装点着寓所的乌木漆面屏风。“我很喜欢 18 世纪兴起的法式中国画，因为这些创作由从未到访过中国的人完成，这很有趣，因为其中有真正的想象力，轻快而有激情。”拉格斐说。

霓虹巴洛克风格

“粉色与银色，这是某天早上闪现在我脑海中的灵感，然后我将其化为现实，运用到发布会现场设计以及系列作品中。”拉格斐解释道。在康朋街 46 号 Pavillon Cambon Capucines 展馆柔和的霓虹灯下，观众在银色沙发上落座，观赏拉格斐以马卡龙色调呈现的一系列精美的服装。“在我的整个职业生涯中，这是第一次创作一个不使用黑色或海军蓝，也没有一粒金色纽扣的系列。”他补充道。

蕾丝、丝缎、薄纱及雪纺连衣裙上装饰着珍珠、水晶或闪亮的银色亮片，而 1 300 朵以褶饰、华夫格及荷叶边设计呈现的花朵，演绎为薄纱花环、淡粉色或桃粉色的雪纺花环，逐一排列在气球状的套装和斗篷上。

在发布会的尾声，新娘身穿渐变式粉色雪纺、丝缎及薄纱褶边连衣裙亮相，其上身及袖子用银色丝线满绣叶状卷曲图案。

冷若冰霜的时髦

巨型冰块雕琢而成的冰山，融化成水后汇成湛蓝色的峡湾，形成了壮丽的冰雪奇观。模特们行走其上，发型如松软的蜂巢，脚蹬毛茸茸的雪地靴，靴子配以冰块状的鞋跟或透明鞋底。

身穿连帽皮草连身裤的男、女“因纽特人”沿着T台行走，奏响本季发布会的序曲。该系列聚焦皮草设计，但使用的全部是人造皮草（拉格斐称之为“幻象皮草”——一个比“人造皮草”或“合成皮草”更优雅的术语）。“人造皮草的品质曾经糟糕透顶，但如今已经有了巨大的进步，”拉格斐解释道，“如今没有理由不使用它。”

香奈儿标志性的斜纹软呢以针织和梭织工艺与幻象皮草结合，呈现令人惊艳的效果。套装上绣以闪亮的针状水晶，或点缀“钟乳石”状流苏装饰。极地主题贯穿趣致的配饰设计，从以香奈儿经典菱格纹手袋造型呈现的点缀以刺绣的拼接式皮草手袋，到如冰雕般“冻结”而成的双C标志晚宴包。

酷感假日

本季香奈儿早春度假系列的旅程来到经典的海边度假胜地：法国南部小城圣特罗佩。宾客在圣特罗佩著名的 Sénéquier 咖啡馆的红色木椅上落座，观赏卡尔·拉格斐的模特们乘坐快艇抵达地标性的港口,然后走上由街道改造而成的 T 台。

尽管可可·香奈儿只到访过圣特罗佩几次（“1934年，柯蕾在这里见过到她。”拉格斐说），但此地却与拉格斐十分亲近。“我在这里度过了很多年，”他说道，“我对圣特罗佩的了解，就像对巴黎一样。”

本季作品被拉格斐描述为“非常休闲，非常接地气”。发布会以令人惊叹的形式画下句号，乔治亚·梅·贾格尔（Georgia May Jagger）身穿珠饰迷你连衣裙，搭配长筒靴，在她父亲的歌曲《让我们共度这晚》（*Let's Spend the Night Together*）声中，坐在飞驰的哈雷机车后座上现身。

珍珠与狮子

巴黎大皇宫内出现了一座巨型的金色狮子雕塑，向可可·香奈儿的星座致意。这里成为本季极尽奢华的高级定制服系列作品的舞台，狮子的一只爪子下是一颗巨大的珍珠，模特们从这里走上T台。

闪亮的装饰、皮草滚边与丝质锦缎，展示源于俄罗斯风格的设计灵感。连衣裙点缀以华美的刺绣与亮片装饰，被 *VOGUE* 杂志描述为“拥有法贝热彩蛋的所有细节”。其中一条连衣裙以手工刺绣了 100万枚亮片，搭配由 Massaro 鞋履坊打造的踝靴。花卉图案由卡尔·拉格斐从 18 世纪的德国瓷器作品中汲取灵感创作而成，而短袖短外套上的亮片刺绣，则受到皇家风格的影响。

然而，拉格斐在本季坚持：“不要长款连衣裙。是时候进行一次清理了，我已经厌倦了红毯上的巨大裙摆。本季的连衣裙是为了自由行动与生活而创作的，就像 20 世纪二三十年代那样，”但相较于可可·香奈儿的时代，“现代的新潮女性更具身体意识，”拉格斐继续说道，“而 20 世纪 20 年代的时髦女郎（flapper）不展示腰线。本季的廓形非常具有女性气质，大廓形的袖子设计，会令腰部看起来更为纤细。”

去年在马里昂巴德

香奈儿在整个大皇宫内打造了一座恢宏的单色调法式花园，白色碎石铺设的地面以及黑石雕刻而成的树篱，呈现出极强的矿物质感。现场还有喷泉和一支80人的管弦乐队——由托马斯·鲁塞尔（Thomas Roussel）担任指挥的巴黎拉穆勒管弦乐队。

本季极具电影感的氛围得非偶然。《去年在马里昂巴德》（*Last Year in Marinenbad*）中的德菲因·塞里格（Delphine Seyrig）成为拉格斐创作本系列作品的主要灵感来源。这部由阿兰·雷奈于1961年执导的黑白影片极为梦幻，其中有一个著名的法式几何感花园的场景，与本季发布会的现场设计相似。可可·香奈儿曾为这部影片的女主角德菲因·塞里格设计戏服。“这部电影发生在一家虚构的度假酒店，”拉格斐解释道，“虽然其拍摄地位于慕尼黑附近的阿马林堡宫，但阿马林堡宫的设计灵感则是来自巴黎，来自凡尔赛宫，它完全是法式风格。”

开场的服装以“野兽派”风格的斜纹软呢面料打造，以极具美感的方式穿孔，让人想起朋克运动的美学风格。本季采用了极为新颖的面料：在斜纹软呢上采用激光烧孔，再通过编织技术固定，“否则它会散开，”拉格斐说道，“它可以搭配衬衫式连衣裙或白衬衫。”

忠实于电影中的黑白色调，系列作品大量采用黑色或精致图案的薄纱，搭配网纱或点缀以Lemarié山茶花及羽饰坊打造的羽饰。“它看起来必须具有香奈儿的风格，而又不是一味地重复。”拉格斐总结道。

拜占庭式华丽

“巴黎－拜占庭”系列作品将法国高级定制服传统与奥斯曼帝国的魅力相结合，向这一古代帝国的首都致敬。土耳其首都伊斯坦布尔曾经被称为拜占庭，并在 330 年被改名为君士坦丁堡。公元六世纪是其辉煌的顶峰时期，这个蓬勃发展的帝国有着灿烂光辉的文明，一直延续到 1453 年君士坦丁堡的陨落。这种文明最具代表性的遗产便是恢宏绚丽的马赛克大教堂。

位于拉文纳的圣维塔莱教堂便是这种艺术现存的为数不多的珍贵示例之一，该教堂建于 527 年至 548 年查士丁尼皇帝和他的妻子狄奥多拉统治时期，是伊斯坦布尔圣索菲亚教堂的原型。这里是一座艺术宝库，其中保存着闪亮的玻璃及珐琅式马赛克设计，受到联合国教科文组织的保护，同时它成为卡尔·拉格斐创作本季系列作品的灵感。“我拜访过拉文纳，我刚刚出版了一本关于拉文纳遗迹的摄影集《拜占庭碎片》（*Byzantine Fragments*），马赛克是非常精致壮美的艺术。”

在巴黎康朋街香奈儿高级定制服沙龙中，宾客落座于矮矮的毛绒沙发之上，沙发坐垫点缀着手绘图案，而墙面上则为发布会贴满华丽的古铜色亮片。一系列华丽而精美的服饰，让人想起可可·香奈儿标志性的拜占庭风格的珠宝作品。

“所有纽扣都是方形设计，就像拜占庭式珠宝一般，并没有闪耀夺目的光泽，而是具有马赛克特有的光泽，这是因为在拉文纳，马赛克均由青金石制作而成，琉璃片的底部贴满金箔，令人叹为观止。”拉格斐解释道。“但这只是一种推论性质的猜想，因为我们并没有真实经历过那个时代，”他继续说道，“拜占庭的奢华已经消失了，它被时间摧毁。”

“易碎的石头”

卡尔·拉格斐从女画家玛丽·洛朗桑（Marie Laurencin）早期画作的粉色及黑色调中汲取灵感，创作了本季被他描述为“非常雅致”的系列作品——“易碎的石头”。

“玛丽·洛朗桑是我的灵感来源，但我只喜欢她早期的作品，从1908年到20世纪30年代。我最喜欢的时期是她与保罗·波烈（Paul Poiret）的妹妹妮可·格鲁特（Nicole Groult）成为密友的时期。”拉格斐说道，“我喜欢她那个时期画作的色彩，灰色的质感中点缀着黑色。”

一系列粉色与柔和的灰色、象牙色在银色的对比下更加鲜明。圆肩丝透纱、薄纱或欧根纱上衣点缀以珠片、水晶、花卉及珍珠刺绣，搭配由刺绣或珠片丝透纱打造的修身裤装，露脚背的黑色漆面芭蕾舞平底鞋配以透明绑带系于脚踝，在不经意间营造出一种自在的“冷漠时髦”。

本季发布会在一系列高腰线晚装礼服裙中落下帷幕。这些晚礼服点缀着光泽闪耀的精美刺绣，正如阿曼达·哈勒奇所描述，像“蛛网上的晨露”，这是香奈儿工坊精湛工艺的又一创举。

末世双生

本季发布会被充满诗意的秋日薄雾笼罩，现场被布置成一片神秘的奇幻森林。一束光穿过迷雾，模特们从两个白色的带有双 C 标志的立方体中走出来，大步走上木制的 T 台。“我想要在巴黎大皇宫里重现迷雾花园的氛围，就像上一季的法式花园一般。”卡尔·拉格斐介绍道（见 484-487 页）。

“双生”是本季系列作品的核心主题。传奇的香奈儿外套被整体缩小，混搭男装风格的燕尾服或双排扣外套。男性化的裤装在脚踝处收拢裤脚，搭配重靴，宽松的袜子仿如鞋罩一般垂坠于鞋面，或是搭配中国绉绸材质的优雅细跟包头鞋，形成视觉对比。

在治疗乐队的经典哥特歌曲《一片森林》（*A Forest*）中，本系列作品在一片末日氛围的场景中开场，模特们从冒着烟的黑色熔岩堆旁依次走过。“这是一片烧焦的北欧森林，”拉格斐说道，“其灵感来自冬季，我想起小时候在欧洲北部度过的冬天，那里的冬天有几个月看起来就像这样，我一直认为非常有诗意。”

拉格斐说，本系列受到的影响还包括“安塞尔姆·基弗（Anselm Kiefer）的作品，德国浪漫派画家卡斯帕尔·大卫·弗里德里希（Caspar David Friedrich）的作品，以及弗里茨·朗（Fritz Lang）执导的电影《尼伯龙根》（*Die Niebelungen*）中的一个场景，主角骑马穿过类似这样的森林，里面还有日式建筑、火山景观。但我有这个想法时，其实并没有去分析这些细节。这个场景是我在梦中看到的，它完全来自于我的潜意识。”

里维埃拉的好莱坞魅力

"这是世界上最美丽的地方之一，不是吗？"卡尔·拉格斐问道。他坐在伊甸豪海角酒店的露台上，俯瞰着地中海。这间酒店靠近戛纳，位于昂蒂布角，自20世纪20年代以来就是富人与名流钟爱之地，也是如今世界上最独特的酒店之一，本季早春度假系列在此发布。

继圣特罗佩（见474-477页）之后，本季作品带来了里维埃拉的另外一种时髦风情，一种来自"天堂另一端"的，从戛纳延续至摩洛哥的风情，与圣特罗佩的波希米亚风格形成鲜明对比，被拉格斐描述为"呈现一种服装的秩序感和魅力，承袭自20世纪50年代的风格，其光彩更为自然、内敛，与当下迷失于红毯之上的时尚天差地别。"女演员丽塔·海华斯（Rita Hayworth）与她的丈夫阿里·可汗王子（Prince Ali Khan）曾是伊甸豪海角酒店的常客，设计师将他们作为本季系列作品的灵感来源，向经典的好莱坞魅力表示敬意。

香奈儿标志性的珍珠与钻石元素是本系列的重点，海军风格丝质晚装连衣裙上刺绣着钻石"彗星"，与奢华的臻品珠宝搭配，向钟爱将珍贵的高级珠宝与服饰珠宝混搭的可可·香奈儿致敬。一系列镶嵌莱茵石的泳装作品则以高胯线的剪裁呈现，让人联想起玛丽-洛尔（Marie-Laure）与查尔斯·德·诺耶（Charles de Noailles）夫妇的天马行空，以及他们展现体操艺术的先锋电影《二头肌与宝石》（*Biceps et Bijoux*），这部电影亦拍摄于法国南部。

“香奈儿的态度”

本季高级定制服系列作品以“香奈儿的态度”为名，致意保罗·莫杭（Paul Morand）为品牌创始人撰写的《香奈儿的态度》（The Allure of Chanel）一书。发布会选择在夜晚举行，在巴黎大皇宫内复刻了著名的芳登广场，该广场因众多巴黎奢侈品牌云集而为人熟知。白色霓虹灯点亮发布会现场的墙面，芳登广场中央方尖碑上的拿破仑雕像则换成了可可·香奈儿的银色雕像。

“香奈儿与芳登广场有着密不可分的联结，”拉格斐解释道，“可可·香奈儿自20世纪30年代起至1971年离世期间住的丽兹酒店坐落于此，而芳登广场18号现在是香奈儿腕表与高级珠宝店。”拉格斐说，“我喜欢那里的建筑，本季的布景更像是广场的GPS图，霓虹灯点亮的GPS。”

本系列从不同方面呈现了“香奈儿的态度”。一系列浪漫的长款连衣裙，让人想起香奈儿女士在20世纪30年代的作品，其中包括一款闪耀的白色丝缎婚纱，裙裾长达3米，并搭配由Maison Michel制帽坊打造的平顶帽，其上点缀以羽毛、薄纱及缎带。可可·香奈儿钟爱平顶帽，20世纪初期，她从赛艇手及自行车爱好者的穿搭中汲取灵感，并迅速将平顶帽演绎为自己的创作。“这季的设计比较中性，很像小男孩的廓形。我非常喜欢这种能够表现女性两面性的理念，香奈儿就是这样的，她创作出非常浪漫的连衣裙，但她也有奥地利式男装风格的造型（见592页）以及灵感源于男装剪裁的斜纹软呢作品。”拉格斐说道。

海底世界

本季系列作品从大海中汲取灵感，呈现了一个梦幻的水下世界。拉格斐钟爱的歌手之一，来自弗洛伦斯与机械乐队的弗洛伦斯·韦尔奇（Florence Welch）进行了现场音乐表演。

“我认为没有什么可以比海底世界更具现代感，尽管它们已存在数十亿年，”拉格斐说道，“这也是一个未受污染的世界，一个未被探索的世界，7 000米深的海底世界，全球都一样。”“看那海里的鱼和其他海洋生物，以及空中的飞鸟，它们的形体都非常具有现代感，”他补充道，“几乎就像是扎哈·哈迪德（Zaha Hadid）的设计。”

这个几近全白的系列玩味量感设计，并以一系列创新面料演绎，除了珍珠之外，基本上没有使用任何香奈儿标志性元素，没有编结滚边、双C标志、经典纽扣。“一切都围绕着面料展开，”拉格斐说道，“几乎没有使用任何传统材料，采用的基本都是纸、玻璃纸、硅及玻璃纤维面料混合而成的材料，极为轻薄。”

印度之梦

拉格斐从未拜访过印度。“印度对我来说是一个概念，”他说道，“我不熟悉真实的印度，所以我对那些也许缺乏诗意的事物，反而有一种充满诗意的想象……因此，这个巴黎式的印度并不存在，与其说是印度，倒不如说是香奈儿风格的，况且可可·香奈儿钟爱印度的珠宝设计。”

T 台被布置成一场华丽的宴会，桌上摆满了食物、鲜花和蜡烛。模特们展示着奢华的珠宝头饰、印度 Henna 手绘图案的手袋、手套、靴子、层叠搭配的珍珠饰品、手绘莫卧儿式花纹、丝质锦缎、金银丝织锦、公爵缎，以及对传统的萨瓦尔裤装、卡米兹长衫、杜帕塔围巾、莎丽服、哈伦裙裤，当然也包括对尼赫鲁领口的奢华的创新演绎。

154 种蓝

“蓝色是空气的颜色，不论白天或夜晚。我之前从未如此大规模地使用过蓝色。”拉格斐说道。

本季，香奈儿在巴黎大皇宫内建造了一个一比一大小的飞机机舱，并铺上印有双 C 标志图案的地毯。系列作品展现了不少于 154 种色调的蓝色，“从最浅淡的珍珠蓝到最浓重的午夜蓝，色彩跨度从深红色一直到浅绿色。”拉格斐说道。

所有颜色在一款精细非凡的刺绣作品上闪闪发光，该作品由珠片、水晶、半圆宝石、羽毛及莱茵石构成，并搭配由 Desrues 服饰珠宝坊精心打造的琉璃马赛克纽扣。

“这是最恰当的颜色，”拉格斐总结道，“我已经厌倦了红地毯，为什么不能用蓝地毯呢？”

晶体

“大自然是伟大的设计师。”拉格斐指着巨大的原始紫水晶、透明晶体石及石英石说道，“形成这些形状需要数百万年。”他解释道，本季系列作品的主要创作灵感“融合了矿物、晶体、水晶元素与捷克立体主义风格，但都为现代女性进行了创新演绎，她们可以通过穿戴这些作品表达不同的态度。”

“对我来说，本季香奈儿的新造型并非经典的套装，而是对三件套的全新定义：短款连衣裙、相同面料的外套与裤装，你可以玩味不同的搭配。”拉格斐说道，“本季没有一款套装有编结滚边，不过也许它们还会回来！”

刺绣作为本系列的重要元素，由 Lesage 山茶花及羽饰坊打造，呈现于珠宝点缀的袖管上，模特以羽毛装点的眉妆亦由 Lesage 完成。“大家都在使用皮草，”拉格斐说道，“为什么不用羽毛呢？对于古铜色、灰色及紫水晶色来说，羽毛的着色效果比任何材料都要好，这些颜色如果不是羽毛本色的话，染在羽毛上也会很漂亮，不重不厚，浑然天成。”

“摇滚可可”

卡尔·拉格斐选择在凡尔赛宫著名的三泉林花园举行本季系列作品的发布会，此花园由安德烈·勒诺特尔为国王路易十四设计。根据拉格斐的描述，“摇滚可可展现了一种法式摇滚精神，通过创新的面料与剪裁比例，演绎 18 世纪的轻快感。这是一部戏剧，带有来自另一个世界的文化元素。”

粉彩、裙撑裙、披肩式三角围巾、塔夫绸人工美人痣以及马裤，这些 18 世纪的元素以出人意料的材质创新演绎，从牛仔面料到塑料，搭配荧光色波波头式假发（背面剪得很高，戴在用缎带束起来的长马尾辫上面）以及金色厚底运动鞋，尽显青春洋溢的少女气息。

“我想呈现一些飘逸且气质轻快的作品，”拉格斐说道，“轻快是一种健康的态度，我认识一些人，正是因为这种人生态度让他们得救。”

“新式复古”

本季系列作品以“新式复古”为名，展现香奈儿品牌工坊的非凡技艺，创新演绎香奈儿的经典作品。“‘新式复古’是一种可持续的价值主张，至少我认为如此，”拉格斐对法国新闻社如此说道，“这其实依然是香奈儿的态度、精神、命名、理念，但更适合我们这个时代。”

“高级定制服必须做他人不能做之事，”拉格斐补充道，“本季的斜纹软呢与之前完全不同，全部采用手工刺绣，其中一些需要花费 3 000 小时来制作。”由 Lemarié 山茶花及羽饰坊打造的薄纱面料，最终呈现于羽毛半身裙与羽毛高领演绎的新娘造型之中。

各种精妙的色彩将本系列作品串联在一起，灰色、米白色、黑色，以及受画家玛丽·洛朗桑（见 494-497 页）作品颜色启发的不同色调的淡粉色，搭配闪耀的银色紧身裤，与贯穿整个系列的斜纹软呢中的银线相得益彰。

清洁能源

巴黎大皇宫内出现了成排巨大的风力发电机，T台则由太阳能电池板铺成。显而易见，本季作品以清洁的新能源为主题，“理念围绕着风、空气、轻盈感展开，”拉格斐解释道，“非常纯粹，清洁、轻盈、清新。整季作品都展现出一种空气般轻盈的量感。”

“剪裁比例是全新的，面料是全新的，”他继续说道，“我想要创作一个系列，即便没有香奈儿的经典元素，没有编结滚边，没有蝴蝶结，没有链条，没有山茶花，你也能立刻识别出这是香奈儿的作品。我只保留了一个元素——珍珠，但我将其放大，在系列作品中大量展现。”

本季呈现了一款巨大的圆形香奈儿手袋。“这是为海滩准备的，”拉格斐说道，“你需要空间来放海滩巾。你可以将手袋立在沙滩上，用它来挂东西！这是唯一一款带有香奈儿标志的作品。本季我几乎没有使用品牌标志，甚至连微型双C标志的珍珠也只是偶尔出现。”“几乎不使用任何香奈儿著名的元素，但看起来仍然是香奈儿，我喜欢这个创意，”他说，“这是对我自己的一个挑战。”

苏格兰式浪漫

本季系列作品在爱丁堡郊外的林利思哥宫发布，这里是斯图亚特家族古老的家族宅邸，也是苏格兰女王玛丽的出生地，系列作品向香奈儿与苏格兰之间深远的联结致意。

20 世纪 20 年代，可可·香奈儿与西敏公爵在苏格兰度过若干个假期，其间甚至翻修了公爵位于萨瑟兰郡的玫瑰庄园。她让苏格兰斜纹软呢成为香奈儿风格的标志——品牌至今仍在努力传承。近期，苏格兰羊绒制造商 Barrie 针织工坊亦成为香奈儿品牌旗下的高级手工坊。

拉格斐让成为后世时尚偶像的前法国女王玛丽·斯图亚特与法国时尚界的女王可可·香奈儿进行了一场跨越时空的相遇，并从中汲取灵感，创作了这个“造型极具浪漫气息、同时略带冷酷的系列作品”。

魔幻森林

本季作品在巴黎大皇宫发布，拉格斐打造了“一片魔幻森林，其中有一座古老的木质剧院”，而 *VOGUE* 杂志则形容其为“哥特式的《仲夏夜之梦》”。拉格斐还从魏玛文化中汲取灵感，18 世纪末期，魏玛曾是德国浪漫主义的中心。他认为：“没有什么比某种忧郁更为优雅。”

本系列展示了奢华的刺绣作品。拉格斐解释说：“我钟爱刺绣，我喜欢将刺绣做得像印花一样。这是极致的考究，因为没有人会想到一件连衣裙需要花费 2 000 个小时。”除了设计师从伦敦维多利亚与阿尔伯特博物馆织物档案库中找到的来自 20 世纪 30 年代的花卉图案，本系列还展示了一种全新的廓形，拉格斐称之为“肩线框”，“因为它能很好地展示颈部与肩膀，同时也让整体廓形更具量感。”

发布会尾声，两位身穿同款白色婚纱礼服的新娘优雅现身 T 台。

香奈儿星球

一个巨大的地球雕塑出现在巴黎大皇宫的中央，其上的各大洲均以印有双C标志的旗帜标记了香奈儿精品店的位置。当现场响起蠢朋克乐队的歌曲《全世界》（*Around the World*）时，模特们走上T台，环绕地球，以最直接的方式向香奈儿品牌的国际影响力致意。

“这样的设置有两个原因：”拉格斐解释道，“首先，可可·香奈儿于100年前在杜维埃开设了她的第一家服饰店，而现在香奈儿精品店在全世界的数量已达300家；另一个原因很有趣：在地球另一端，不论是中东还是中国，人们都钟爱法国时尚，喜欢香奈儿，人们对我们的作品依然充满渴望……本季作品是对这个世界以及香奈儿星球的致敬。”

系列廓形“极富动态感”，颜色以灰色为主，除了头盔式帽子［据拉格斐介绍，该款皮草作品灵感来源于安娜·温图尔（Anna Wintour）标志性的波波头］的几抹亮色之外。“一切都是银色的。我几乎把所有镀金或金色的元素都拿掉了，换成了银色、灰色及精钢色，因为本系列的主色调是黑色及灰色，它们非常神秘，是阴影的颜色。”拉格斐说道。

香奈儿在亚洲

可可·香奈儿从未到访过新加坡，但继欧洲及美国之后，拉格斐认为是时候将品牌今年的早春度假系列带到亚洲，并让作品回归到纯粹的香奈儿元素。

“我在爱丁堡系列（见 532-537 页）中呈现了许多色调，然后我突然想要展现一个更为内敛的香奈儿色盘。米色、白色、米白色、象牙色及海军蓝，有这些就够了，不再需要其他颜色。”拉格斐说道，“本季的廓形感也足够了，这些开衩半身裙以全新的剪裁比例演绎，通常长款半身裙并不适合搭配高跟鞋，但像这样的长裙就可以。”

如果说有些元素受到传统新加坡文化的启发，例如新加坡家庭中常见的黑白双色梭织窗帘启发了本系列的图形设计，那么其他元素则是绝对的创新。例如在服饰珠宝设计中，拉格斐将“军用枪支的金属链条与人造钻石搭配，因为香奈儿女士以将天然宝石与人造宝石混搭而闻名。本季的珠宝作品看起来像是在芳登广场陈列的高级珠宝，同时混搭了质感粗犷的军用链条。”

“昨日与明天之间”

为展示本季作品，卡尔·拉格斐将巴黎大皇宫改造成坍塌的老旧剧院废墟，T 台背景是未来主义的巨型城市图景。本系列被他描述为：“昨日与明天之间……旧世界与新世界的交界。”

本系列从动态艺术中汲取灵感，同时也让人想到几部标志性的电影，从弗里茨·朗执导的《大都会》（*Metropolis*）（拉格斐最喜欢的电影之一），到《银翼杀手》（*Blade Runner*）中的复制人瑞秋（Rachael），而由拉格斐设计的发型和帽子正是对葛蕾丝·琼斯（Grace Jones）著名发型的致意。

从 Lesage 刺绣坊到 Lognon 褶饰坊，香奈儿工坊的非凡技艺在精美非凡的刺绣细节、立体感十足的面料纹理中展现得淋漓尽致，点缀着每套造型。“这是一种后现代主义的精美，”正如拉格斐所述，“非常具有香奈儿风格，同时也适合下一个世纪。”

香奈儿的艺术

本季，巴黎大皇宫被改造成巨大的艺术馆，墙面洁白，陈列着绘画与雕塑作品，这是首场“香奈儿艺术展”。不论是华美的大理石香奈儿香水瓶，还是手袋链条造型的现场装置，均由卡尔·拉格斐亲自设计。

伴随着歌手杰斯（Jay-Z）的歌曲《宝贝毕加索》（*Picasso Baby*），模特走上T台，展示拉格斐设计的小型艺术品：难以被定义的经过解构与重构的交织着条状薄纱的斜纹软呢作品；灵感源于20世纪初德国油漆配色表的潘通色卡般的作品；淡粉色或灰色宽腿皮裤，腰间系有羊绒针织上衣。所有造型均搭配被拉格斐称为“点彩画派”的多色醒目妆容，以及被他称为“带翼刘海”的发梢飞翘的发型。

系列配饰作品也围绕着艺术主题展开，有喷绘香奈儿帆布背包、艺术家式手提包搭配叠戴的多彩手镯，还有非对称设计的超大珍珠项链与戒指。

香奈儿套装以各式各样剪裁的多彩款式创新演绎，包括“无前襟的外套，穿起来非常美，是轻盈完美的夏日单品。”拉格斐介绍道。

系列作品亦呈现季节性的流行元素，从闪亮的金属到加厚纯棉蕾丝、非对称领口以及轻透面料的叠搭，其中部分造型还搭配了拉格斐标志性的无指手套。

狂野西部

为了发布本季高级手工坊系列作品，卡尔·拉格斐追随可可·香奈儿的脚步来到达拉斯。1957年，香奈儿女士曾到访达拉斯，由于在时尚领域的杰出贡献，她获得了史丹利·马库斯（Stanley Marcus）颁发的被誉为“时尚界的奥斯卡奖”的内曼·马库斯奖。史丹利·马库斯是内曼·马库斯商店的联合创始人。“我欣赏和喜爱美国。我在美国很受欢迎。对于很多美国人来说，我就是法国。”她在保罗·莫杭撰写的《香奈儿的态度》一书中如此说道。在她的整个职业生涯中，美国的媒体及消费者始终都是她的忠实拥趸。

2013年，就在达拉斯费尔公园举办的“巴黎－达拉斯”高级手工坊系列发布会结束的几天之后，卡尔·拉格斐在达拉斯获颁了这一奖项。他从美国内战前的得克萨斯以及19世纪早期的美国式精致中汲取灵感，创作出狂野西部的浪漫幻想：斜纹软呢、皮革、牛仔面料和丝透纱上饰有美国本土的符号和星形标志（这是香奈儿钟爱的图形），而Maison Michel制帽坊则受美国内战启发，制作了一系列斯泰森美国牛仔风格宽檐毡帽。“一定要他们当时那样的帽子，”拉格斐说道，“我不想要大家都知道的那种牛仔帽。”

“从陶斯城的米利森特·罗杰斯（Millicent Rogers）到得克萨斯社会名流和慈善家林恩·怀亚特（Lynn Wyatt），这些是我的创作灵感，关于得克萨斯，但不是普通的得克萨斯。我试图避免拉拉队员以及约翰·韦恩（John Wayne）式的好莱坞电影造型。我并非反对他们，只是想要更加浪漫……它就像是默片时代的西部电影，更具诗意，”拉格斐继续说道，“我想要一种充满诗意的质感。”

康朋街俱乐部

本季高级定制服系列发布会现场被布置成康朋街俱乐部，仿若“来自另一个星系的夜店”，系列作品青春洋溢，运动感十足。伴随着歌手塞巴斯蒂安·泰利耶（Sébastien Tellier）及其白色管弦乐队的现场表演，模特们戴着护肘、护膝，脚蹬高级定制款运动鞋，在巨型楼梯上奔跑、跳动。

拉格斐介绍道:“没有珠宝，没有手袋，没有手套，没有耳环——什么都没有。整季作品围绕着态度、廓形、形状与剪裁展开，也与 19 世纪 00 年代至 40 年代初的时尚史相关。当时的女性总是穿着平底鞋，甚至在参加舞会时会用这种鞋履搭配她们的礼服裙。”所以，包括晚装在内，拉格斐为每一个造型都搭配了对应的运动鞋，并以极具轻盈感的材质呈现，例如雪纺、蕾丝及薄纱，还有部分绣有亮片或点缀以羽毛及金属件的透气面料，所有鞋履均由 Massaro 鞋履坊制作。

“我认为是时候再次凸显腰线设计了，”拉格斐说，“在半身裙、上衣以及腰部之间展现一种灵活性，意味着你能行动自如。这不是一款硬挺的作品，因为硬挺已经过时了，这又不是美好年代时期的连衣裙。”“它为高级定制提供了一种全新的现代态度。”他总结道。

香奈儿购物中心

在介绍香奈儿迄今为止规模最大的发布会现场时，卡尔·拉格斐说：“我认为需要一些幽默感。”本季，巴黎大皇宫化作香奈儿购物中心，过道旁的货架备货充足，现场还布置了收银台、手推车、特价商品和折扣海报（上面写着“立涨 50%”）。超过 500 种各式产品被重新包装，换上趣致十足的标签：可可椰汁、香奈儿之水瓶装矿泉水、点缀山茶花的橡胶手套、可可巧克力米麦片、可可饼干、以嘉柏丽尔·“可可”·香奈儿命名的标签名为“嘉柏丽尔的忧伤”的手帕盒，售卖带有真正香奈儿链条电锯的五金店，还有巴黎－伦敦杜松子酒，巴黎－达拉斯番茄酱等。

从安德烈亚斯·古尔斯基（Andreas Gursky）的摄影作品《99 美分》（*99 Cent*）到安迪·沃霍尔（Andy Warhol），拉格斐从波普艺术的消费文化图像中汲取灵感，基于上一季艺术主题的高级成衣系列作品（见 556–561 页），展开本季的创作——“‘香奈儿的艺术’系列作品像一家艺术品超市，因为艺术已经成为一种商品了，不是吗？”他对哈密什·博尔斯（Hamish Bowles）这样说道，“我喜欢让时尚成为我们日常生活的一部分，而不是将其从生活中割裂出来，让时尚与日常联结正是香奈儿一直以来的追求。”

本季的一些设计元素由拉格斐之前为香奈儿创作的系列（见 566–569 页）中发展而来。拉格斐解释道：“高级定制服系列中的运动鞋演变为高级成衣系列中的靴子。”在这个系列中，青春洋溢、运动感十足的氛围被延续下来，“廓形更贴合身体，同时也非常舒适。”腰线依然加以强调，但有一处改变：具有现代感的拉链紧身外套呈现四片或五片式结构，凸显腰部线条。“这样的设计在穿着时可以让腰部更舒适，与高级定制服中采用‘鲸骨’和蕾丝饰边的方式不同，它是通过拉链来实现腰部收紧的效果，你可以拉开部分拉链，使衣服更易穿着。”（拉格斐解释道。）

鲜明的颜色无处不在。沙拉绿、胡萝卜橙、甜菜根粉红与柠檬黄，丰富的色彩与柔软斜纹软呢的淡雅色调形成对比。服装和配饰作品亦以趣致十足的方式呼应超市的主题，从以香奈儿链条装饰的小型超市手推车到塑封包装（贴有“100% 羊皮”字样的贴纸）的 2.55 手袋，以及易拉罐拉环形状的纽扣。拉格斐说：“在香奈儿，一切都可以玩味，我们可以做任何想做的事，没有人告诉我们该做什么。”

lait de COCO
COCO RICO

东方的复兴

“这是21世纪的香奈儿，融合新旧世界，在这个世界具有现代感的地方。”卡尔·拉格斐在The Island岛上为本季发布会特别搭建了沙漠色的礼堂。The Island是面向迪拜的私人人工岛屿。“我认为现在是东方复兴的时刻，因为东方在21世纪变得越来越重要。”卡尔·拉格斐补充说道。

拉格斐从童话故事、电影、德拉克洛瓦(Delacroix)的画作以及保罗·波烈1914年的时装设计中汲取灵感，并研究了11世纪和12世纪西班牙文化中的瓷砖图案，创作了本系列中的印花设计。他说道：“这些花卉图案在近千年后的今天看起来依然如此现代，令人难以置信。”

从柏柏尔风格的珍珠项链到弯月形头冠，本系列的珠宝设计尤为出彩。“19世纪五六十年代有一种佩戴月形珠宝的风潮，”拉格斐对萨拉·莫厄尔说道，“而半月形就像字母C，香奈儿双C的一半！”

“这是我对浪漫的现代东方的想象，”他补充道，“我提取了东方时尚中性感和隽永的部分，创作出现代感的造型。这个系列为地球上的这部分人而创作，但我希望它也适合全世界的女性。”

混凝土演绎的巴洛克风格

本季高级定制服系列在不同层面都极具建筑感，T 台是简约的纯白色，两端均布置着相同的推拉门、洛可可风格壁炉、镀金香奈儿镜子，映衬着朴素的灰色墙壁。拉格斐说，这一设计灵感源于勒·柯布西耶（Le Corbusier）在 20 世纪 30 年代为怪诞的艺术收藏家卡洛斯·德·贝斯特古（Carlos de Beistegui）的顶层公寓设计的无顶起居室露台，这个露台上设计了一个室外的壁炉，混凝土的墙面上点缀着一面圆镜。“我喜欢在巴洛克元素中混搭现代性设计，”拉格斐说道，“这就是本系列的主题：混凝土搭配巴洛克元素——勒·柯布西耶来到凡尔赛。”

混凝土本身亦成为一种设计元素在本系列作品中得到呈现：被分解成微型块状材料，制作成刺绣、珠宝、纽扣、编结滚边以及网状装饰——这是近几年来不断发展的香奈儿式创新。拉格斐说：“我喜欢在创作中使用通常不会用于高级定制服的材料。”此外，他进一步打破常规，以怀孕的新娘造型为本系列发布会画上句号。

本系列还呈现了由氯丁橡胶浇铸成型的连衣裙及 A 形半身裙（全部搭配点缀珠宝的塔夫绸缎带蝴蝶结系带奢华人字拖），“这是没有缝线的高级定制服。”拉格斐开玩笑地说。他透露道：“我希望模特可以像鸟一般，颈部线条修长，没有碎发落下来，因为凌乱的发型与连衣裙的完美剪裁及丰盈量感不搭，我喜欢这种羽毛般的质感。”

香奈儿大道

“从超市（见570-575页）出来之后，我们来到了街道上。”卡尔·拉格斐如此介绍本季作品发布会在巴黎大皇宫内的宏大布景，“香奈儿大道”，一条真正的巴黎街道，还布置有人行道、脚手架以及25米高的奥斯曼风格建筑。

在这条大道上，香奈儿的“时尚游行”展现了一系列气质笃定、穿着舒适的造型，着重突出个性[发型师山姆·麦克耐特（Sam McKnight）和化妆师汤姆·佩切（Tom Pecheux）为每个模特都创作了独特的妆发设计]和色彩，华丽的印花图案灵感来自拉格斐创作的水彩画。

为演绎本季性别平等的主题（其中一个标语牌写着“女性权利还远远不够”），系列作品融合男性与女性风格元素，呈现三件式套装、长款男士风格大衣、翻边宽松裤、裹身半身裙及标准剪裁的百慕大短裤，搭配披肩领半透明衬衫与金色德比鞋，这款鞋“前面看起来像男鞋，后面看起来像女鞋，单根系带环绕于脚踝”。本场发布会亦呈现了全新的“女孩”手袋，它融合了香奈儿外套的所有元素（斜纹软呢、编结滚边以及纽扣），可斜挎或系在腰间——“就像是一件外套。”拉格斐说道。

为致敬1968年的“五月风暴”，本系列甚至呈现了被设计师称为“人行道刺绣”的设计（连衣裙作品上的精钢色方块刺绣）。发布会的尾声活力十足，伴随着夏卡·康（Chaka Khan）的歌曲《世间女子》（*I'm Every Woman*），模特们挥动着装饰有香奈儿绗缝的扩音器一起走上这条大道。

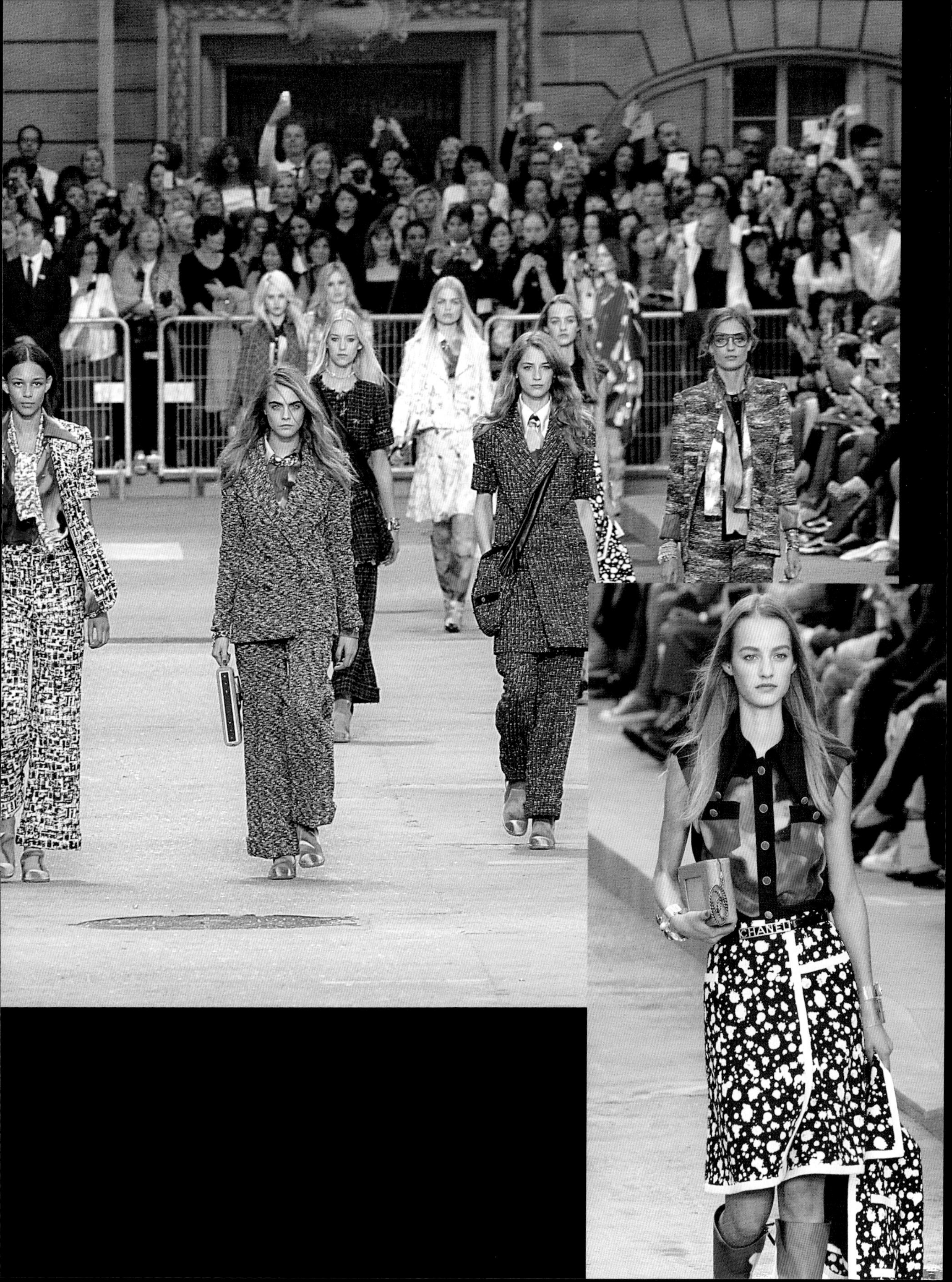
CHANEL

BE
different
VOTEZ
HISTORY IS
HER
STORY
CHANEL
CHANEL

FREE
FREEDOM
MAKE
FASHION
NOT WAR

OSER
SANS
POSER
FIRST
TWEED
WE NEED
CHANEL
FASHION

从茜茜公主到香奈儿

本季发布会在李奥浦斯康堡举办，该城堡兴建于18世纪，是奥地利最著名的洛可可风格宫殿之一，因其出现在电影《音乐之声》（*The Sound of Music*）中，以及马克斯·莱因哈特（Max Rheinhardt）在此创办萨尔茨堡音乐节而广为人知。系列作品灵感源自被人们称为“茜茜公主”的奥地利伊丽莎白皇后，以及奥地利传统服饰，如传统皮短裤及紧身连衣裙，并由香奈儿工坊创新演绎，为其赋予现代奢华的质感。

Lemarié 山茶花及羽饰坊打造的羽饰令人眼前一亮：“在你看到的大多数作品中，刺绣均由大量羽毛构成，仅点缀少量的宝石，”拉格斐解释道，“它就像飘逸的皮草，其工艺之精湛令人难以置信。”

然而，“‘巴黎－萨尔茨堡’高级手工坊系列的主角是外套，”他继续说道，“别忘了，可可·香奈儿是在奥地利获得了外套的设计灵感，她看到一个电梯管理员身穿一件像这样的外套。随后，她以斜纹软呢面料演绎此外套，并配以编结滚边使其与众不同，为女性打造出著名的香奈儿外套。”

标志性的香奈儿套装在1950年底问世后，受到世界上很多优雅女性的喜爱，其中包括奥地利女演员罗密·施奈德，这位可可·香奈儿的朋友兼客户不论在银幕内外均穿着香奈儿套装，其中最令人印象深刻的是她在的电影《薄伽丘70年》（*Boccaccio' 70*）第二部分《工作》（*Il Lavoro*）（由卢奇诺·维斯孔蒂执导）中的造型。

绽放的高级定制服

为本季作品的发布，巴黎大皇宫内搭建了一座绚丽的圆形温室，如同一座盛开着纸质花朵的热带花园。各种由机械装置掌控的纸质花朵在男模园丁的“浇灌”下依次绽放，这是香奈儿“对春之祭的一次恢弘的创新演绎”。“我们的脚下有 300 台机器，每一朵花的绽放均由一台机器独立控制，”拉格斐解释道，“就像是一本立体故事书。”

拉格斐的“21 世纪卖花女”造型色调比香奈儿经典的黑色、白色、米色及粉彩色调更为鲜明，更具活力，并以全新的廓形演绎：露腰的短款上衣（拉格斐宣称：“腰线是新的乳沟”）、袜式黑色平底皮靴以及配以薄纱的超大草编宽檐帽。为展现花卉的主题，由欧根纱、皮革、薄纱、人造琥珀及珍珠制作的花束，绽放于半身裙、外套、袖子及雪纺无指手套上，优雅的针织无檐休闲帽亦饰以精巧的花卉。

发布会尾声的婚纱由 Lemarié 山茶花及羽饰坊制作，融合了雪纺、欧根纱、莱茵石及珍珠等材质。裙子上的 3 000 余朵花饰由十几位工匠在一个月内制作而成。婚纱的短袖上衣满绣亮片，如花床般延伸铺开。被云朵状薄纱包裹的宽檐帽取代了传统的白色面纱。

法式风格

卡尔·拉格斐形容本季作品有着“经典的法式风格”，他在巴黎大皇宫打造了一间名为 Brasserie Gabrielle 的小餐馆展示本季作品。这间餐馆功能齐全，延续了如马克西姆餐厅、圆亭咖啡馆等巴黎标志性社交场所的传统与风格。几十年前，嘉柏丽尔·“可可”·香奈儿曾与星光熠熠的“咖啡公社”成员在这些社交场合度过愉快时光。

拉格斐创新演绎了巴黎上流社会的时髦衣橱，“无论是日装还是晚装，皆展现各式搭配与不同剪裁比例……唯一贯穿整季作品的是一款鞋履作品，基于香奈儿初期作品进行现代演绎，这一设计我之前从未诠释过。”

1957 年，香奈儿女士创作出双色露跟鞋，以米色及黑色演绎，该设计被拉格斐誉为“最具现代精神的鞋履”，呈现一种极具视觉感的效果：米色拉长腿部线条，而黑色则让双足看起来更加秀气。本季模特皆穿着该款配以方形鞋跟并以全新造型比例呈现的双色露跟鞋。

本系列展现纯粹香奈儿风格的斜纹软呢及针织面料作品，极尽奢华，除此之外，亦以趣致十足的方式演绎咖啡馆主题：“新式三件式套装”的长款裤装或长款半身裙，搭配以罗缎腰带系于腰间的长款围裙（向如今依然会有法国服务员穿着的传统长款围裙致敬），还有呈微型砖块造型的多彩刺绣作品。

Menu

韩国流行文化

继迪拜（见 576-579 页）之后，香奈儿来到韩国首尔东大门设计广场，发布全新一季早春度假系列作品。东大门设计广场由扎哈·哈迪德设计，是世界上最大的新未来主义建筑。

韩国传统服饰及文化的影响以精妙的方式呈现于本系列作品中：晚装上的华美刺绣，呼应着韩国传统婚礼中，新娘以珍珠母贝与黄金精工镶嵌的妆奁，拼接设计则致意韩国独特的包布面料。当然，传统韩服高腰、宽袖、圆肩的特征，亦在本系列中被创新演绎。

然而，拉格斐的创作并未严格依照韩国的传统风格，而是从韩国流行文化中汲取大量灵感，包括电光色调、“甜”审美以及强烈能量，并将其与本系列作品和发布会场景设计相融合，拉格斐将其称为“以我认为韩国人能够理解的方式呈现极具现代感的波普艺术场景”。

风格大胆的服饰珠宝设计无处不在，包括由手工刺绣制作的“新山茶花”。模特们均穿着方头高跟鞋或鞋袜一体的漆皮玛丽珍鞋，正如拉格斐所总结：“本系列从韩国过去的传统中汲取灵感，但以现代的方式加以演绎。”

高级定制赌场

本季高级定制服系列极度奢华，从源自可可·香奈儿时代高档赌场的经典氛围中汲取灵感，在一个装饰艺术风格的赌场场景中发布。穿着优雅的荷官站立于轮盘赌和 21 点赌桌之后，特邀宾客三三两两于桌前落座、下注，其中包括女演员朱丽安·摩尔（Julianne Moore）与克里斯汀·斯图尔特（Kristen Stewart），她们均身穿香奈儿的作品，佩戴铂金与钻石打造的香奈儿珠宝（其设计基于可可·香奈儿于 1932 年创作的“Bijoux de Diamants”钻石珠宝系列）。

拉格斐的创作将尖端技术与传统的高级定制服技艺相结合：本季，标志性的香奈儿套装以方肩及箱型廓形创新演绎，并采用了一种名为“选择性激光烧结”的技术，使其看来更具立体感。外套结构通过 3D 打印完成，取代了传统的面料和缝制方式，一气呵成，质感柔软。香奈儿工坊的“巧手”工匠们挥洒创意，绗缝外套呈现镂空的设计，其上饰以亮片刺绣及编结滚边。正如拉格斐介绍的那样：“我希望将 20 世纪最具标志性的外套转变为 21 世纪的款式版本，其过程所需要的技术在 20 世纪是无法想象的，它一体成型，没有缝线。”

传统的婚纱连衣裙亦以当代的方式创新诠释：模特肯达尔·詹娜（Kendall Jenner）身穿白色宽肩燕尾服式丝缎婚纱套装，从肩部向后延伸，形成风格独具的非传统裙裾，配以轻透飘逸的长款刺绣薄纱头纱。

“香奈儿航空”

继洛杉矶的喷气式飞机（见 400–401 页）、将 T 台设计为真实大小的飞机机舱（见 514–515 页）后，香奈儿邀请宾客来到巴黎康朋街机场 2C 航站楼 N°5 登机口。这一场景于巴黎大皇宫内呈现，若干值机柜台排列其中，航班信息板上展示着此前早春度假系列以及高级手工坊系列发布会的举办地点。

“乘飞机旅行是生活的一部分，而我想让它更完美，”卡尔·拉格斐说道，“我展现其本该有的样子：属于每个人的私人飞机，香奈儿航空。”

这位设计师在套装上玩味飞机图形、箭头标志以及航班信息板上的字体和文字（见 619 页左图），并搭配全新发布的“Coco Case”登机箱、饰有菱格纹图案的飞行员太阳眼镜，以及模特仿若睡眠眼罩般的蓝色眼影妆容。

作为发布会开场造型的香奈儿套装并非如其表象：面料看起来像梭织斜纹软呢，实则为手工刺绣（见右图），而标志性的编结滚边并非由传统棉线制作，而是将经典的编结滚边拍摄下来，再将其图像压制成硅胶薄片后，作为套装的滚边使用（见 617 页）。

一系列长款连衣裙搭配裤子，以代表法国航空的红色、白色及蓝色演绎，其间点缀闪耀的银色，为廓形增添灵动。拉格斐补充道：“我使用了大量银色材料，因为当太阳照射到飞机上时，反射的便是这样的光泽。”

即使本系列作品中并未出现金色纽扣，在发布会尾声（见619 页右上及右下图）展示的“闪亮人字形图案外套与满绣水晶、配以大号黑色蝴蝶结的贝壳形上衣，仍然彰显着经典隽永的香奈儿风格。”*VOGUE* 杂志如此描述。

AEROPORT PARIS CAMBON
DEPARTURES
CHANEL AIRLINES
CHANEL AIRLINES
14
CHANEL AIRLINES

AEROPORT PARIS CAMBON
CHANEL AIRLINES
DEPARTURES
FLIGHT
TO
GATE
TIME
LAST CALL
10
11:43
278
MOSCOW
BOARDING
02
11:50
339
182
660
227
915
SINGAPORE
705
DUBAI
808
DALLAS
ON TIME

:41
TIME
CHANEL
CAMBON
AVENUE

“巴黎在罗马”

本季高级手工坊系列在特别搭建的意大利Cinecittà影视基地Studio N°5发布，在保持经典巴黎风格的同时，向意大利电影的全盛时期致敬。20世纪60年代，费德里科·费里尼（Federico Fellini）曾在此执导了其杰作《甜蜜的生活》（*La Dolce Vita*）。

“这是巴黎在罗马，”卡尔·拉格斐认为，“香奈儿是法国品牌，本系列作品也由世界上最有经验与才华的工匠在法国制作。”

半蜂窝状发型、经典香奈儿套装以及经典电影的黑白色调……本系列作品中不乏20世纪60年代新浪潮电影中“蛇蝎美人”的影子，例如珍妮·摩露和德菲因·塞里格，她们在银幕内外的服装都是由嘉柏丽尔·香奈儿一手打造的。

作为整体廓形的“基础”，本季的鞋履作品是一项创新：“蜜儿拖鞋是一款典型的具有香奈儿风格的鞋子，鞋后侧以开放式设计呈现，但之前我们从未尝试过。搭配蕾丝袜，这在大家的心目中非常有巴黎的风格。”拉格斐解释道。

内衣作品的细节与蕾丝滚边加强了本系列的诱惑魅力。“情色气息暗喻，而非公然宣扬，这是属于巴黎的艺术。”*VOGUE* 杂志编辑萨拉·莫厄尔写道，“但近距离看，在腰带与部分短项链中间的金属圆环，又令这种情色意味昭然若揭。”

皮革“蝴蝶”结上由Lesage刺绣坊特别设计的珠子刺绣（见622页），以及大理石质感的手绘羽毛（见623页底图），以趣致十足的方式，向本季发布会的罗马风格布景致意。

单色的场景设计，会让人脑海中浮现出“一个完美的巴黎，非常浪漫，些许肮脏，就像阿特热（Atget）的照片”，同时这个场景中也有自己的“电影院”，首映了拉格斐拍摄的全新短片《曾经·永远》（*Once and Forever*），这部影片由克里斯汀·斯图尔特和杰拉尔丁·卓别林（Geraldine Chaplin）主演，展现一部虚构的嘉柏丽尔·香奈儿传记片的幕后故事，是一部影片中的影片，呈现于一个电影场景之中的电影场景。

METRO
Rome
CHANEL

CINEMA LE PARIS
CINEMA LE PARIS PROCHAINEMENT
CHANEL PRÉSENTE
Once and Forever
UN FILM DE Karl Lagerfeld
AVEC Kristen Stewart ET Géraldine Chaplin

高级定制服的生态

本季，为向大自然致意，巴黎大皇宫内搭起了精致的木屋，卡尔·拉格斐描述其“非常纯粹，极具禅意。”

“我们身处不具名的地点，在一个本该在现实中存在的梦想之家。”设计师补充道，“我喜欢这个在生态学基础上再推进一步的创意，让它成为一种高级时尚，非常优雅、奢华，使用木料、稻草或者类似的材料来创作华美的刺绣作品。”

除木材与花卉之外，蜜蜂作为本系列作品的关键图案之一，被绣于薄纱或被镶嵌于服饰珠宝上，象征着大自然的复苏。而本季的调色板则刻意保持极简状态，米色调呼应着泥土的颜色，并点缀以海军蓝、黑色、白色及金色。“嘉柏丽尔·香奈儿最擅长使用米色进行创作，”拉格斐解释说，“而我却从未创作过像这次这样的米色系列作品，我认为这个颜色的连衣裙非常好看，因为其呈现出的线条感是非常纯粹的。”

拉格斐说：“廓形是创作这个系列的出发点。”长款开衩直筒半身裙衬托着椭圆形袖管，搭配软木底高跟鞋及方便携带手机的随身腰包。他打趣道：“这是我们的新款包，就像 15 世纪庄园夫人们用来携带钥匙的包。”

“从收拢的发髻到连衣裙的圆形廓形，这个系列看起来既经典又有清新之气，而蕴藏在作品中的手工技艺则更为神奇。”苏西·门克斯在 *VOGUE* 杂志的报道中如此描述，“（卡尔·拉格斐）呈现了一个美妙的时尚时刻”——在发布会的尾声，木屋的百叶窗被完全打开，可以看到所有模特与设计师本人站立在木屋中，场面极为壮观。

珍珠与粉色

“每个人都梦想坐在第一排，所以，本季发布会给每位客人都安排了首排的位置! 这是民主的时尚，不应该再有抱怨了。”卡尔·拉格斐介绍道，“我希望每个人都能清楚地看到这些作品，以及这些衣服所展现的工艺。”为了实现这一点，本季发布会依照康朋街 31 号香奈儿高级定制服沙龙，在巴黎大皇宫里搭建起超大布景，包括镜面墙及一排排的金色椅子。

无数细节尽数在宾客面前展现：刺绣斜纹软呢、宽松针织面料、由香奈儿创新演绎的“切斯特菲尔德”绗缝皮革（见 632 页左上图）、马靴与晚装连衣裙上的系带，还有方便半身裙与晚装连衣裙穿脱的侧面拉链。“这是一场与日常生活有关的发布会。”拉格斐说。

套装造型搭配以斜纹软呢、皮革或毛毡料打造的骑士帽，帽子的系带则点缀以拜占庭风格的十字架、珍珠或山茶花元素。“我希望设计一些帽子，因为现在已经没有人制帽了。”拉格斐解释道，“它如头盔一般，你可以在骑摩托车或者自行车的时候佩戴，因为皮革面料非常结实。”

鲜明的粉红色调贯穿整季作品，正如拉格斐描述，它是“覆盆子雪芭色”，而非“闺阁式粉红色”。

根据 *VOGUE* 杂志的报道，本季发布会的“主要感受”是“香奈儿珍珠项链的力量回归了，以叠搭的方式，越多越好。”苏西·门克斯写道，“从斜纹软呢到小黑裙，再到帽子在颈部的系带，所有的造型层次感十足。这太酷了，太‘可可’了。”

“可可式古巴”

香奈儿早春度假系列发布会第一次来到古巴，在大理石铺就的普拉多大道上举办。这条道路贯穿哈瓦那，极具标志性。同一天，近四十年来第一艘来自美国的邮轮亦在此停靠。

“古巴在世界上是独一无二的，”拉格斐说道，“不论是这座城市的色彩，还是行驶的汽车，这里总有能使人触动的事物。它有一种我钟爱的特质，让我一直神往。”

本场发布会邀请“伊贝伊”音乐二人组进行现场表演，致意古巴独特的音乐文化。该组合有丽莎－凯恩德（Lisa-Kaindé）与娜奥米·迪亚斯（Naomi Díaz）两位成员，这两位法籍古巴双胞胎姐妹，是古巴著名乐队好景俱乐部打击乐手安加·迪亚斯（Angá Díaz）的女儿。Rumberos de Cuba 乐团则在发布会尾声进行了感染力十足的表演。

作为一名资深的拉丁文化爱好者，拉格斐将本系列描述为“展现一个时髦、现代的古巴……设计极为简洁”。从印有“Viva Coco Libre”字样的T恤，到手工编织的巴拿马草帽、老爷车印花图案、镶嵌珍珠的拖鞋以及古巴“雪茄盒”式晚宴包（见对页左下图），蒂姆·布兰克斯（Tim Blanks）写道，这位设计师“呈现出最为理想的早春度假系列作品”。

本系列展现了“轻快而简约的古巴主义”，《女装日报》报道称，“经典的瓜亚贝拉男士衬衫有着利落的垂直褶饰，搭配香奈儿外套穿着；极具海滩风情的颜色与五彩缤纷的标语在松软的斜纹软呢、纪念T恤上随处可见，而20世纪50年代的复古圆球状汽车印花以色彩生动的绘画形式呈现，与亮片连衣裙相互呼应。”

“这个系列呈现了古巴的所有经典元素！”古巴演员安娜·德·阿玛斯（Ana de Armas）说道，“伦巴舞服装的宽大袖管、古巴人日常穿着的人字拖、女孩们出门穿着的紧身裤以及切·格瓦拉军用贝雷帽，这是伟大的古巴经典，其上的星星被香奈儿徽章替代。”

苏西·门克斯在 *VOGUE* 杂志中写道：“这个系列将古巴带入了时尚的幻境。”

CHANEL
PARIS
HABANA

COCO
CLUB

“几何感剪裁”

卡尔·拉格斐说：“没有伟大的工匠，不可能创作出伟大的作品。”本季，他在巴黎大皇宫中复现了高级手工坊的工作场景，让香奈儿的裁缝们在观众身边工作，并以此将本场发布会献给康朋街高级定制服工坊的所有工匠们。“他们从来没有机会来到发布会现场，他们应该获得尊重。”拉格斐补充道，“我认为让工匠参加发布会的想法很现代，这样人人都会注意到他们，因为他们的技艺是如此让人赞叹。”

本系列以“几何感剪裁”为名，创新演绎经典香奈儿套装的剪裁比例，使其棱角感更分明，拥有建筑般的线条，并特别注重肩部的设计，“（肩部）被延展、压平，在内部没有多余结构的情况下呈现出一种二维平面的视觉效果。”《纽约时报》解释道。拉格斐希望强调的是，这种效果是在没有使用衬垫的情况下实现的。他解释道：“这是被法国人称为“斜切”（biseauté）的工艺，当你朝着一个方向打褶的时候，面料就会形成一个切面……完美无瑕。”

根据香奈儿品牌介绍，本系列晚装部分的作品中柔和的几何效果，灵感源于英国插画家奥布里·比亚兹莱（Aubrey Beardsley）创作于 19 世纪晚期的作品中的女性角色。由刺绣蕾丝、塔夫绸、薄纱、欧根纱、丝质薄纱、拉西米尔绸或乔其纱等面料制作的长款连衣裙，点缀以华美的层叠装饰，边缘则饰以羽毛或珍珠，与巧妙的褶饰细节共同构成精致的廓形，突显香奈儿工匠精湛的手工艺。

蒂姆·布兰克斯说：“拉格斐想让我们确切地知道，是谁和什么创造出这些令全世界都为之倾心的作品，这是一种非常无私而慷慨的态度。”萨拉·莫厄尔在 *VOGUE* 杂志中总结道：“这是对高级定制服真正价值的展示与证明，一切都无比清晰，启发人心的同时令我们心生敬佩。”

“亲密的科技”

继致敬品牌工匠精湛的手工艺（见 638 页）之后，本季卡尔·拉格斐转向了“非物质”的灵感，在巴黎大皇宫内打造了一个多彩的“香奈儿数据中心”。

正如开场造型（见右图）预示的那样，设计师为“来自未知未来的机器人”创新演绎了标志性的香奈儿斜纹软呢套装。拉格斐打趣道：“这意味着香奈儿是隽永的，正如法国人所说，是不朽的。”

“数据中心是属于我们这个时代的产物……我喜欢这个理念，并将其转译出来，但它并非冷冰冰的科技，而是亲密的科技。”拉格斐解释道。本系列将外衣作品演绎成“对抗外部世界的盔甲”，并搭配以内衣为灵感的柔软肉色衬裙。“这类内衣蕴含着一种诗意，”拉格斐补充道，“是否在机器中安放灵魂是由我们来决定的事情。”

从滚动显示信息的 LED 屏幕手袋，到机器人形状的晚宴包，这些“数据配件”呼应了本系列的数字技术主题。太阳眼镜如同来自电影《黑客帝国》（*Matrix*），镜片上垂直排列的字母组成了品牌名。除此之外，众多珠宝作品亦耐人寻味，香奈儿著名的拜占庭十字架图形被改造成游戏手柄按键的 X 形状，被设计成耳环、胸针、手镯及吊坠。

为呼应本系列主题，本季面料也得以创新诠释，打造出“像素斜纹软呢”。“棉质及牛仔纱线与电缆相呼应，斜纹软呢呈现数字化的图形纹理，魔术贴替代外套上的纽扣成为作品结构的一部分。”品牌如此说明。色彩上则呈现灵感源于霓虹灯光线及屏幕亮光的电光色调。蒂姆·布兰克斯总结道：“仿若上百万块电路板上布满糖果色线路，整理后再相互交织。”

丽兹之舞

继“巴黎在罗马”系列（见620页）之后，香奈儿将高级手工坊系列带回法国首都，选择嘉柏丽尔·香奈儿在康朋街旁边的旧居——传奇的巴黎丽兹酒店举办发布会。在20世纪90年代末，卡尔·拉格斐曾在此发布过三个高级定制服系列（见218、226、234页）。

“这家酒店位于巴黎市中心，过去经常来这里的世界各地的女性都被当作巴黎人看待，即便她不是法国人。”拉格斐解释道，“这就是为何（本系列）被称为‘巴黎大都会’的原因。”

在回顾20世纪二三十年代“咖啡公社”的鼎盛时期时，拉格斐指出，“当时人们经常举办舞会晚宴：他们不仅在舞会上跳舞，还会在餐厅晚餐结束后跳舞——我觉得这太时髦了。”

从莉莉-罗丝·德普（Lily-Rose Depp）、法瑞尔·威廉姆斯（Pharrell Williams），到乔治亚·梅·贾格尔和卡拉·迪瓦伊，香奈儿品牌形象大使及挚友亦作为本系列发布会的模特，呈现午餐、下午茶以及晚宴中的造型，与之相配的几位身穿燕尾服的男性舞者分布在这个镀金沙龙的大厅各处。

作为本场发布会的开场造型，金色编结滚边的乳白色套装“让人想起丽兹酒店，特别是可可·香奈儿套房中的那种法式墙面镶板与镀金材料。“针织图案似乎是对整个酒店内华美的墙纸以及华丽地毯图案的幽默致意。”《女装日报》如此写道。

“对我来说，这是某种关于巴黎的演绎：嘉柏丽尔·香奈儿、丽兹酒店、海明威酒吧，”卡尔·拉格斐总结道，“这是每个人都想再次体验的那种巴黎氛围。”

PLEASE
DO
NOT
DISTURB

银色镜面

本季，在巴黎大皇宫的穹顶之下竖起了一座通体覆盖镜面的巨型圆柱形装置，以呼应由嘉柏丽尔·香奈儿为康朋街 31 号构思的具有装饰艺术风格的著名镜梯。地面则全部仿照香奈儿标志性的绗缝效果，由烟灰色玻璃镜面打造。

“我希望一切都是银色的，呈现镜面、金属以及铝的质感，”卡尔·拉格斐解释道，“我认为这就是与本系列相衬的完美场景。我想要一种无可挑剔的、干净的感觉，这些女孩行走其中，就像一幅幅时尚绘画。所有刺绣图案都是抽象的，没有花卉，没有过度的装饰。”

拉格斐的极简主义创作与他对羽毛元素的喜爱完美融合，同时，他从阿尔贝托·贾科梅蒂（Alberto Giacometti）1926 年的作品《汤匙女》（*Spoon Woman*）中汲取灵感，创新演绎香奈儿套装，以扁平腰带来提高腰线，加宽胯部，呈现更具曲线感与垂坠感的剪裁，“这种垂坠感必须是完美无瑕的，”拉格斐补充道，“我想要的是无懈可击的设计。”

“这一轻盈感十足的廓形为大家熟知的斜纹软呢套装注入了新的活力，并让这个系列呈现出鲜明的现代气质。”《卫报》极为赞赏地写道。

在晚装部分，连衣裙点缀以华美的镜面效果的刺绣，下摆或袖管位置则饰以散开的羽饰。“尽管材料极为华美，设计概念依然非常新颖。”《女装日报》写道，“在一种源于真实世界、更具成熟态度的环境中，这些连衣裙作品提供了一种将浮华变为华美的当前方案，这一方案甚至可以说极富远见。”

香奈儿的领空

为呈现本季系列作品，香奈儿在巴黎大皇宫中全新打造了“N°5 火箭发射台”，以及高 35 米的火箭。卡尔·拉格斐说：“这是一场穿越天际的旅程，前往星系的中心。”

“人们……如今都只盯着屏幕，他们不再关注眼前的世界。我不知道他们是否见过太空，”设计师补充道，“银河系……天空是我的灵感来源……这是一场有关地球上空的幻想。在这个角度上，我认为它是非常实在、接地气的。”

本季的面料演绎太空的主题，从绣以珍珠线条的“星空斜纹软呢”（见 657 页右上图）到模仿未知星球表面的泡沫状乙烯基材料作品（见 656 页右下图）、“月光银”的色调以及通身的宇航员形象印花。“认为闪亮元素只适合夜店的想法是非常过时的。”拉格斐说。

数款作品配以高而圆的领口，边缘饰以金属，与仿若已准备好接过头盔后就向外太空进发的宇航员的太空服相呼应。“这为经典的毛衣作品增添了一些现代感，但你不知道要完成这些创作有多难，因为每款连衣裙及毛衣的尺寸均不相同，”拉格斐解释道，“这是一个失之毫厘差之千里的难题。”

模特们穿着闪亮的靴子，搭配饰以珠子及水晶刺绣的发带与月亮形手袋（见 656 页左下图）、银色双肩背包或“火箭”手拿包（见对页），在架高的 T 台之上绕香奈儿火箭而行。在发布会尾声，她们在 T 台上站定，见证着火箭在烟火和液压装置的作用下“发射升空”。“（这是）一幕由伟大时尚大师导演的经典戏剧。”《金融时报》(*Financial Times*) 总结道。

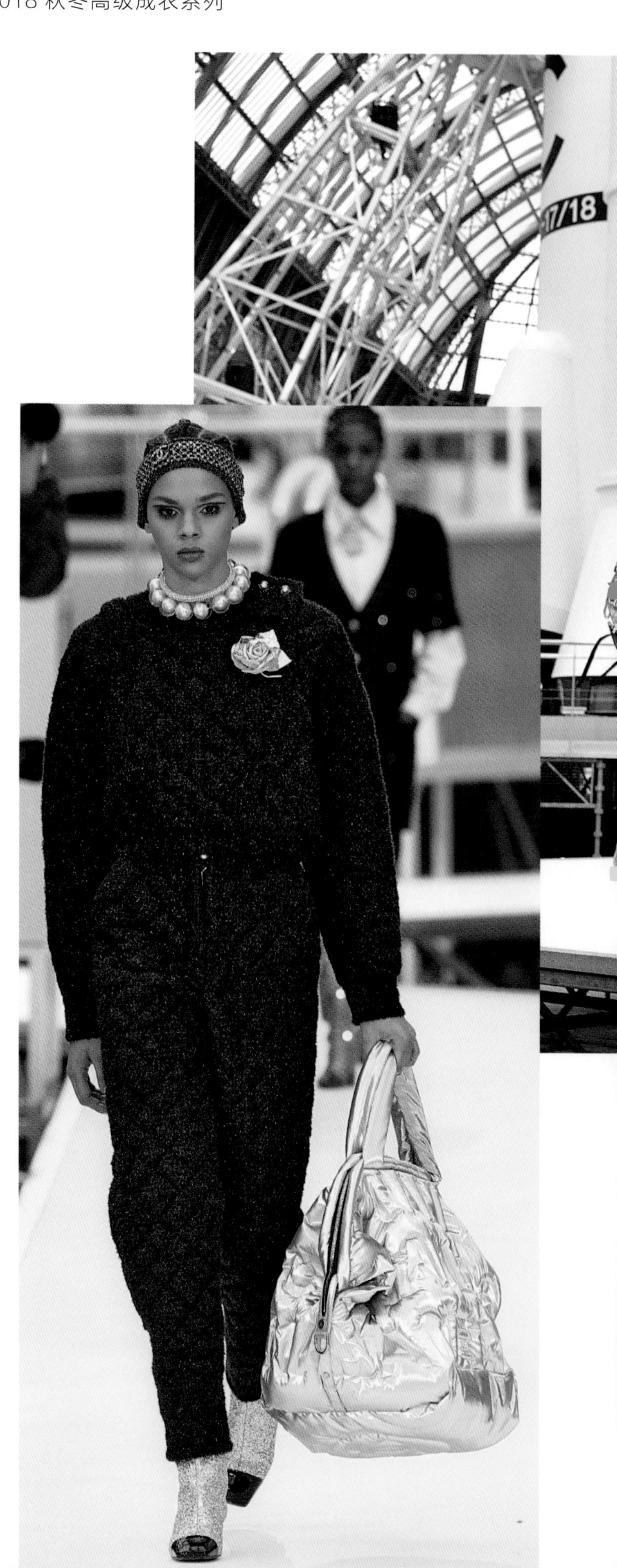

PAP

CHANEL
AGENCE SPATIALE

ENT N°5

“古代的现代性”

本季名为“古代的现代性”，是一场前往理想化希腊的想象之旅。巴黎大皇宫的库尔贝画廊中搭建起仿若古希腊遗迹般的景观，其灵感来自帕台农神庙以及苏尼翁角的海神庙。

“我将希腊视为美与文化的起源，人们曾经在那里美妙而自由地活动，但后来却消失了。”卡尔·拉格斐解释说，“希腊曾经有的某种东西后来消失了，人们曾经不用为身体感到羞耻，不用将其遮蔽起来，这在之后的世纪中都改变了。就像现在，我们的身体如此重要，必须穿着衣物，这一切都那么顺其自然，不用刻意去想，而这正是关于过往的现代信息。”

远古主题在本系列中以趣致的方式诠释。拉格斐说：“你必须以自己的方式创新演绎。”系列作品包括与“地中海式罩衫的简约风格”相呼应的无衬里刺绣斜纹软呢短款连衣裙、借鉴古代花瓶和壁画图案的针织图案、“橡树叶、桂树枝与山茶花交织的金色头冠”图案印花垂褶连衣裙、“灵感来自斯巴达人饰以彩色石头的围兜式紧身胸衣的简约亚麻连衣裙”（见661页左图）。为本季发布会画下句号的是一系列纯净的白色连衣裙，其腰部采用合身剪裁，并以亮片刺绣打造出一种大理石效果（见661页右上图）。

亚历山大·弗瑞在给《纽约时报》的报道中写道：“现场米歇尔·高伯（Michel Gaubert）的原声音乐结合了伊阿尼斯·泽纳基斯（Iannis Xenakis）的经典作品与希腊前卫摇滚乐队爱神之子的曲目，表现力十足。拉格斐先生的作品像一张混音版的希腊专辑，将奥运选手的冲刺精神与爱奥尼亚柱式的图形融入其中。”

配饰作品中，罗马风格凉鞋搭配“柱形”鞋跟和皮革蕾丝系带，树枝、月桂叶及橄榄树叶被设计成精致的镀金珠宝作品佩戴，刺绣缎带如花环般束在头上，甚至包括象征雅典娜女神的猫头鹰图案的硬式晚宴包（见661页右下图）。

拉格斐若有所思地说：“我以时尚的方式来表达我始于童年的幻想与迷恋，我读的第一本书就是荷马史诗。”

埃菲尔铁塔之下

本季作品在一座 38 米高的复刻版埃菲尔铁塔下发布，被构思为“一封献给巴黎的情书”，卡尔·拉格斐说，“我无法将整座铁塔都搬过来，所以顶上是一片云层。”

“这是一种对巴黎女性形象的再现，”拉格斐解释说，“一切都关乎剪裁、形状与廓形。这个系列的作品线条清晰，视觉感十足……高级定制服的结构必须完美无瑕。”苏西·门克斯在 *VOGUE* 杂志的报道中写道，这个系列“极具巴黎风格：剪裁精致，展现曲线感廓形。”

“拉格斐聚焦埃菲尔铁塔与高级定制服本身的基本特征——完美的结构，”《女装日报》报道写道，“为了说明这一点，媒体宣传资料中许多造型都有两张图片，一张是黑白照片，另一张为其廓形照，只能看到精准的剪裁轮廓。”

本系列作品采用奢华的面料打造，从经典的黑色丝缎到珍贵的日本米卡多真丝面料（“这是一种非凡的面料，极具飘逸感——它看起来质感厚重，但其实极为轻盈。”拉格斐说），肩、领口及口袋部位则点缀羽毛元素，“仿若皮草一般”，灵动十足。

在发布会尾声，设计师展示了一袭白色丝缎婚纱裙，其上的羽饰由 Lemarié 山茶花及羽饰坊打造。“当新娘身穿高腰礼服裙走上长长的碎石路时，有些观众放下手机，拿出纸巾。礼服的袖子和下摆点缀羽饰，而裙裾则如云朵般在身后飘荡。”苏西·门克斯写道，“作为一曲献给巴黎的赞歌，这场发布会让人难以忘怀。”

在这场致敬经典巴黎风格发布会的尾声，为表彰卡尔·拉格斐对时尚的杰出贡献，巴黎市长安妮·伊达尔戈（Anne Hidalgo）向其授予了巴黎市最高荣誉“Grand Vermeil”奖章。

瀑布

继此前的水下主题（见506页）之后，卡尔·拉格斐从水生植物中获取全新灵感，打造了宏伟的室外场景：巨大的瀑布从长满青苔的悬崖上倾斜而下，灵感源于法国南部的韦尔东大峡谷。“我喜欢关于水的理念，也喜欢轻盈的质感，”拉格斐解释说，“流动的水闪耀着光芒，充满活力……这是一种生命力，没有水就没有生命。”

水滴形耳环由幻彩珍珠与琉璃制作，捕捉光线并绽放光芒。从透明的PVC平顶帽、兜帽和披肩（大多点缀以珍珠），一直到透明的PVC无指手套与靴子，透明感贯穿始终。

漆面皮革与斜纹软呢宽肩套装作为开场造型，由首次参加香奈儿时尚发布会的凯雅·杰柏（Kaia Gerber）（见右图）演绎。紧随其后的是一系列幻彩纱线交织的闪亮斜纹软呢套装，其中大部分款式有长流苏点缀的细节，以打造出动感。

随后是“一股蓝色的溪流……如蓝色泻湖般的牛仔面料作品，搭配水晶质感的蓝色乙烯基，绿松石般的蓝色斜纹软呢搭配印有蓝色与白色印花的真丝雪纺”。发布会终场造型为一款“小白裙”，其上的刺绣呈现出石头及岩石的质感。

“这些作品使用的面料你在其他地方都买不到，”拉格斐强调，“它们全部由香奈儿品牌制作。”媒体在报道中也对此赞誉有加。“质感自然的纹理与非凡技艺之间的精妙平衡充满活力，令人叹为观止。”*VOGUE*杂志的萨拉·莫厄尔如此报道。

CHA
NEL

CHANEL

易北河畔

继巴黎丽兹酒店上演极致纯粹的大都会主义（见646页）之后，卡尔·拉格斐决定回到他的出生地德国港口城市汉堡，发布他为品牌创作的全新高级手工坊系列作品。发布会地址选在易北爱乐音乐厅，这栋先锋建筑由瑞士赫尔佐格德梅隆建筑事务所设计，坐落在汉堡旧港区的易北河畔。

为了向香奈儿高级手工坊致敬，本系列以香奈儿的方式创新诠释船员的服饰风格以及汉堡市的标志性元素：从 Lesage 刺绣坊打造的让人联想到航船上缆绳的奢华编结刺绣图案（见672页左下图），到 Maison Michel 制帽坊制作的水手帽、点缀羽毛元素的 Jersey 针织面料条纹水手服、螺旋桨形状的山茶花花瓣、锚形的袖扣以及呼应集装箱的手拿包。

“汉堡总是略显拘谨，从来都不是一座适合红毯活动的城市。”拉格斐说，“在我童年时，我和轮船老板的儿子们一起上学，所以我们经常来这个地方，在船上嬉闹玩耍，这一切对我来说都无比熟悉。”他补充道：“我喜欢将汉堡作为一个创意之源，因为它一直存在于我的脑海之中。汉堡其实是我骨子里的一部分，是我精神传承的一部分。”

CHANEL
PARIS

“法式梦幻”

“我在汉堡呈现的作品（见 670 页）稍显严肃，所以我想要完全相反的东西——我想呈现法式的梦幻与轻盈，”卡尔·拉格斐解释道，“从强硬到甜蜜。”

花饰及淡雅的春日色调构成了本季的主要视觉元素，从青翠的绿色到各式粉红色调，包括淡粉色、浅珊瑚红以及几抹浓紫红色。

本系列作品彰显香奈儿高级定制服工坊的精湛技艺，装饰细节精美丰富（从珍珠与莱茵石刺绣的锦缎，到极为精妙的褶饰和羽饰），剪裁结构亦极致精巧，例如香奈儿套装上呈现的圆形肩部，在未使用明显衬垫的情况下，以多缝线的工艺呈现圆润的效果，并在外套、连衣裙、束腰上衣以及连身裤上点缀以“微笑口袋”。

系列廓形呼应着本季发布会 18 世纪法式花园的布景：凯雅·杰柏演绎的淡粉色裙撑连衣裙（见 677 页上图）随着她的步伐而摆动。在随后展示的造型中，褶饰连衣裙上饰有大片创新设计的刺绣（见 678 页右图）。经典的白色婚纱连衣裙搭配燕尾服式马甲与高筒裤、平底靴，以男士风格的率性，与本系列的浪漫氛围互相映衬。

“这是一种浪漫的情绪，”拉格斐说，“我从未想过我会创作一个浪漫的系列，它只是在最后变成了现在这样……它要呈现的是‘法式’优雅。我并非法国人，所以由我来诠释法式风格更为合适，因为它不会看起来太过自吹自擂，仅是法国式的审美。”

落叶

卡尔·拉格斐从北欧汲取灵感，创作了一个极具个人情感的系列作品。“我钟爱秋天的森林，喜欢棕色和金色交织的色调……我认为非常美。”拉格斐沉思着说，“我现在知道了，我是个不属于南方的人，我更适合北方。我年轻的时候从未意识到这一点，现在一切都清楚了……你目之所及都是我钟情之物，我并非有意将其商业化。”

“在某种程度上，它让我回忆起童年。”他说，“我在童年时居住了八年的房子（我在十四五岁时离开）就在森林的中心，通向这栋房子的小径看起来就像这样，但事实上这些都是我很后来才意识到的。这非常有我的风格，是我的品味、我的经历，但同时它也非常香奈儿。”

本系列的 81 个造型均以源于自然的质朴色调呈现，叶片图案的印花、树枝般的编结滚边、雕刻成树叶状的装饰纽扣，以及明亮的红色与粉红色手套、领口与围巾等细节，为其增添灵动。

大衣、外套与连衣裙的廓形修长，显得低调内敛，直筒式长款大衣或方肩双排扣大衣以幻彩罗纹黑色天鹅绒面料打造，搭配平底布洛克鞋或金色高筒靴。

“我喜欢印度的夏天，”拉格斐补充说，“但秋天一直是我最爱的季节。”

登上“LA PAUSA”邮轮

继停靠在汉堡这座港口城市（见 670 页）之后，香奈儿又将海军主题风格带到巴黎，并在巴黎大皇宫打造了一艘长 330 英尺的远洋邮轮。

这艘巨轮以 1929 年嘉柏丽尔·香奈儿在法国南部建造的 La Pausa 别墅为名，彼时她正在与西敏公爵恋爱。这艘邮轮的形象还被设计成漩涡画派风格的图案，印在乙烯基材质的邮差包（见对页右上图）与时髦的海滩风格睡衣上。

本系列灵感源自 20 世纪二三十年代的航海风格，“以卡尔·拉格斐称之为‘灵活裙装’的设计为核心——由分体式上衣及半身裙构成，令腰部的线条若隐若现。”《女装日报》写道，这一设计还演绎为“晚装款式，饰以水手条纹刺绣，与腰部及袖子上层叠的五彩亮片形成鲜明的对比。”

在发布会尾声，卡尔·拉格斐携香奈儿创意工作室总监维吉妮·维娅一同向观众鞠躬致意。宾客们随后登上 La Pausa 号邮轮参加秀后派对。

LA
PAUSA
LA PAUSA
CHANEL

新“侧影魅力”

本季作品是一封献给法国首都的情书，发布会现场复刻了法兰西学院的建筑，还有巴黎塞纳河畔著名的旧书报刊亭。“高级定制注定属于巴黎，这里的颜色如此美妙动人，令人沉醉。”作为一位拥有众多藏书的图书藏家，卡尔·拉格斐对苏西·门克斯如此说道。

拉格斐创新演绎了“侧影魅力”的设计（见402页），根据品牌的介绍，本系列中的“编结滚边勾勒出香奈儿标志性的斜纹软呢套装、晚装连衣裙的廓形，拉链设计则为其增添结构感，修长的袖子亦配以拉链，拉开后露出极具对比感的衬里，搭配由 Causse 手套坊打造的长款皮革无指手套，半身裙及连衣裙则露出叠穿的刺绣迷你裙。”“你可以拉开或闭合袖子侧面的拉链，”拉格斐解释道，“你也可以将半身裙的开衩打开，这样腿部线条从侧面看起来会更加迷人，视觉上无限拉长。”

为了与发布会洋溢的文学精神、法式气质保持一致，模特阿杜特·阿克奇（Adut Akech）演绎的新娘造型，参照法兰西学院成员的正式礼服而设计：一套淡绿色骑装风格外套，其上饰以橄榄叶刺绣以及旋涡状珠饰打造的编结滚边（见691页上图及右下图）。

CHANEL
CHANEL
COCO
CHANEL
CHANEL
MADEMOISELLE
CHANEL
Paul Morand
L'allure de
Chanel
A.G.B

“海边的香奈儿”

卡尔·拉格斐继续从水与海边汲取灵感，将本季发布会现场打造成海滩：湛蓝的晴空下，海浪拍打的沙滩向远处延伸。“那片海滩是我最喜欢的地点之一，那里开阔空旷，没有船只，因为海水太过汹涌。”他提及位于德国最北端岛屿的锡尔特海滩时解释道。

“我小时候就去过那里，后来为了拍摄 1995—1996 秋冬高级成衣系列的广告大片，又与克劳蒂亚·雪佛（Claudia Schiffer）和莎洛姆·哈罗去过一次。”他继续说道，“这里是北海中央受污染最少的地方——在我小时候只有乘坐小渔船才能到达。那片海滩每天都在改变，就像沙丘一般，随风而动。”

模特卢娜·比吉尔（Luna Bijl）（右图）为本季发布会拉开帷幕。她身穿亮片刺绣斜纹软呢套装，左右两侧各斜挎有一只手袋，这一设计被香奈儿品牌命名为全新“斜挎手袋”——“迷你款和超大号款还能扣在一起，可赤足或搭配穿着蜜儿拖鞋。”

本系列作品以阳光、沙滩的色调构成，还有宽檐草帽或双层鸭舌草帽以及装饰“CHA-NEL”字样的饰品。“迷你裙绣以细密的珍珠与金色珠子，仿若散落的沙粒，搭配由天然稻草制成的化妆包。”香奈儿品牌介绍道。

VOGUE 杂志的萨拉·莫厄尔写道，本场发布会令人愉悦、青春洋溢，“通过一个小女孩充满热情的视角来诠释香奈儿，她喜欢偷穿她母亲 20 世纪 80 年代的超大号斜纹软呢外套、套装、短款羊绒毛衣，背上配以链条的菱格纹手袋。至于运动休闲风格与最新流行的紧身裤、骑行与潜水短裤，卡尔·拉格斐早在 1991 年就已经将香奈儿作品与冲浪风格相融合（见 122 页），创作了灵感源于潜水的斜纹软呢的作品。是的，这些潮流是香奈儿引发的。”

CHA
NEL
CHA

CHA
NEL
CHA NEL
CHA
CHANEL

CHANEL
CA
NEL
CHA

CHA

“狂热埃及”

“巴黎 - 纽约”高级手工坊系列（另见 368 页）在纽约大都会艺术博物馆的丹铎神庙中发布。香奈儿品牌介绍，这个全新的系列作品“从古代埃及与纽约的精神中汲取灵感，创新演绎品牌的风格法则”。

苏西·门克斯还提到了“意大利孟菲斯集团，拉格斐在 20 世纪 80 年代收藏了很多他们的家具作品”，以及“20 世纪 20 年代图坦卡蒙陵墓的发现掀起了一股埃及文化的浪潮，甚至连艺术界以及曼哈顿的建筑都受这种文化的影响，例如克莱斯勒大厦以及其他具有装饰艺术风格的摩天大楼”。

凭借香奈儿高级手工坊的精湛技艺，卡尔·拉格斐创作出工艺非凡的作品，从由 Massaro 鞋履坊打造、用以搭配每个造型的金色鞋履（包括金色压花皮革靴子，其镶嵌宝石的鞋跟由 Desrues 服饰珠宝坊与 Goossens 金银饰坊打造，见对页左下图），到由 Lesage 刺绣坊为香奈儿定制的手工刺绣斜纹软呢，其中交织以手绘金色缎带，此外还包括令人惊叹的华美刺绣，其上镶嵌着由 Goossens 金银饰坊打造的用以装点肩带、束身衣、胸甲以及肩部的宝石。

巴黎 Lognon 褶饰坊采用黑色薄纱与欧根纱为几款廓形的袖子和半身裙打造出精致的风琴褶，令其呈现迷人的动感（见 700 页右下图）。为发布会画下句号的是一系列长款连衣裙，其上饰以复杂精致的羽毛刺绣，蓝色、红色及金色羽饰镶嵌勾勒出连续图案，由 Lemarié 山茶花及羽饰坊打造。

“系列作品以视觉幻象的手法，演绎鳄鱼皮和巨蟒皮的效果，”萨拉·莫厄尔在 *VOGUE* 杂志的文章中提到，“这些作品使用压花皮革，甚至用亮片制作成鳞片以达到效果。香奈儿在发布会前就已经宣布，他们将不再使用珍异皮革，包括黄貂鱼、鳄鱼或其他野生爬行动物的皮。”

“香奈儿别墅”

本季作品以完美的意大利风格的别墅为背景，回溯了整个 18 世纪，这是拉格斐最为钟爱的时期。卡尔·拉格斐在发布会前对《女装日报》说：“它兼具奢华、宁静与平和。”

本季，拉格斐的灵感来源于近期在巴黎康纳克杰博物馆举办的名为“奢侈工厂：18 世纪的巴黎奢侈品经销商”的展览。该展览集中展示了“为 18 世纪富人提供各种奢侈品（从丝质缎带、镀金画框到奢华的家具）的巴黎商人。”哈密什·博尔斯在 *VOGUE* 杂志中提到，“路易十五国王的情妇，那位讲究生活品位的蓬帕杜夫人，在见过德国迈森工厂的精美作品后，召集法国万森的瓷器工厂为其创作类似的陶瓷花卉，这样即使在百花凋敝的冬季，在她华丽的宫殿之中、晚宴之上仍然有她喜爱的花束。”

这些花朵亦在系列作品中肆意绽放。从欧根纱上手绘的花卉图案，到浅色连衣裙上盛开的陶瓷花朵（见 704 页），甚至将树脂材料涂在真正的鲜花上，“以将其定格在最美好的瞬间”，《女装日报》在报道中对此表示赞许，并指出：“拉格斐鲜明地展示了如何拥抱与享受愉悦——美带来的愉悦，以及自然的愉悦，哪怕这种自然源于人工。”“这些花朵的实际重量与作品的轻盈质感之间的矛盾，是对设计师技艺的真正考验。”蒂姆·布兰克斯说。

然而，拉格斐本人因身体抱恙，并未在发布会结束时现身，而是让创意工作室总监维吉妮·维娅携身穿闪耀礼服的“新娘”一起鞠躬致意，为本场发布会画下句号。“新娘”身穿银色刺绣泳衣式婚纱套装，搭配泳帽式的帽子。

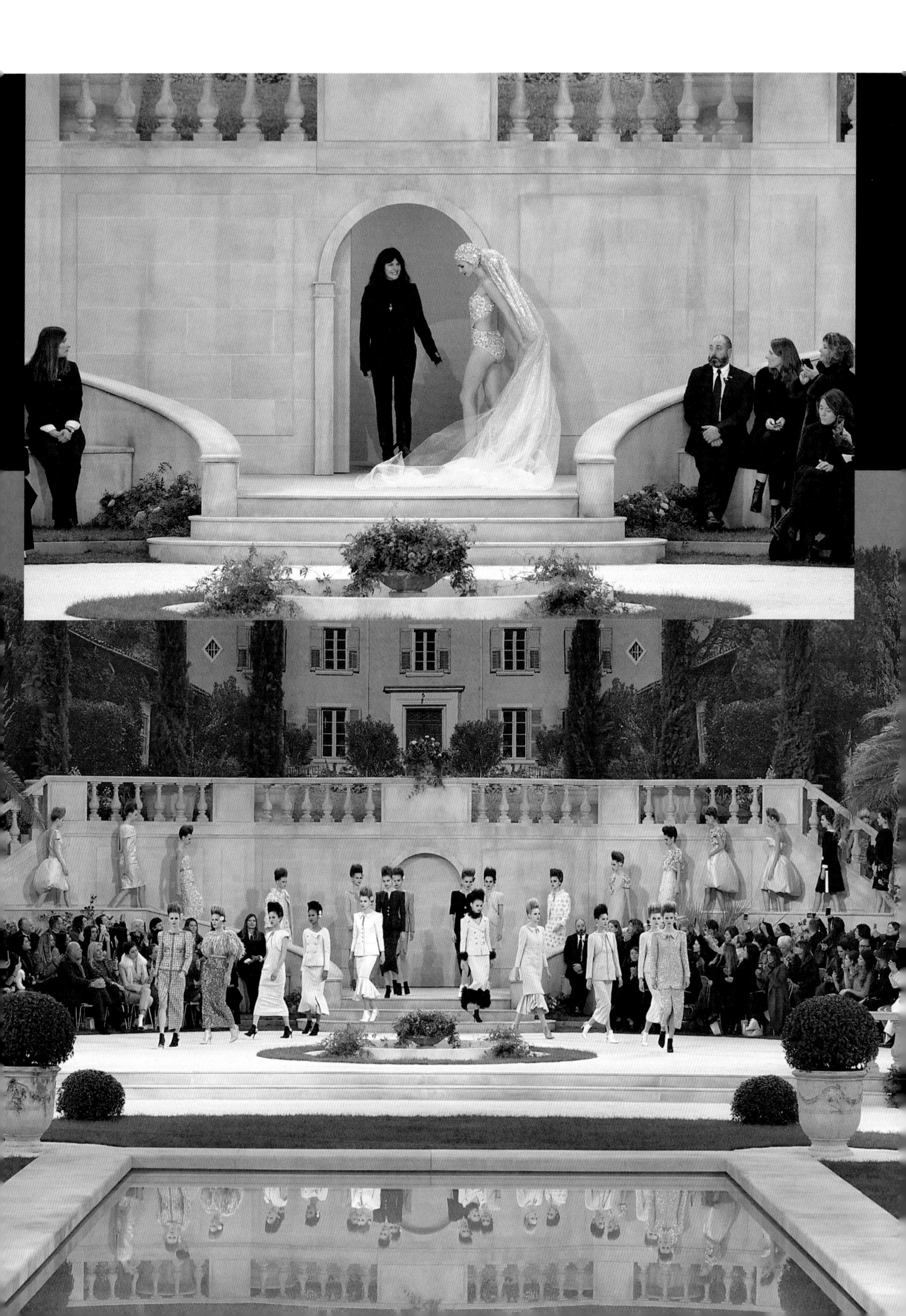

“栀子花小木屋”

宁静的阿尔卑斯山庄遍地积雪，等待宾客到来：卡尔·拉格斐与其得力助手、继任者维吉妮·维娅共同创作的最后一季系列作品将在这里发布。*VOGUE* 杂志评论道：“这是一片被白雪环绕的天堂，香奈儿的天堂，从远处眺望，让人不禁感慨万千。”

本场发布会于 2019 年 2 月拉格斐逝世的几周后举办。发布会开场前用了一分钟时间为拉格斐默哀，随后播放了一段采访录音。拉格斐在录音中回顾了他受邀接手香奈儿的时光，那时，拉格斐仅仅凭借着对嘉柏丽尔·香奈儿的崇敬以及对未知挑战的热情便接受了这个挑战（“所有人都告诉我‘不要接受，它救不活了’”），开启了时尚史的全新篇章。

本系列以白色、黑色及灰色为主色调，展示了从加长款斜纹软呢大衣、套装到飘逸的斗篷、蓬松的“雪球形”羽毛连衣裙（见 711 页上图）等廓形各异的作品。

乔·埃利森（Jo Ellison）在《金融时报》上写道：“拉格斐的最后一季作品是……无比动人的，没有怀旧，也没有感伤。它极具冬日氛围，但却并不寒冷。”萨拉·莫厄尔在 *VOGUE* 杂志中写道：“在一场忧郁而沉静的发布会中，感受轻盈感与切实的存在，那源于自然而然的优雅与喜悦，是对卡尔·拉格斐非凡才华的告别，正如他自己曾构想过的一样。”

在发布会尾声，当模特们[从卡拉·迪瓦伊到女演员佩内洛普·克鲁兹（Penélope Cruz）]伴随着大卫·鲍伊的歌曲《英雄》(*Heroes*)现身，宾客们纷纷起立鼓掌。“许多模特在最后难掩感动之情，”乔安·弗尼斯（Jo-Ann Furniss）写道，“像玛莉亚卡拉·波高诺（Mariacarla Boscono）这样的模特，十几岁就认识卡尔了，许多像她这样的模特都深受卡尔的照拂，是他鼓励了她们做自己。”

“一些事情结束了，而另一些事情却在 3 月 5 日被开启。”弗尼斯补充道，“卡尔·拉格斐不仅深谙历史，还喜欢放眼未来。这场发布会既属于卡尔·拉格斐，也属于维吉妮·维娅。维吉妮带着卡尔的节奏，演奏出自己的旋律。”

“节奏继续”，卡尔·拉格斐曾在一张素描画上写下这句话。画中，他与嘉柏丽尔·香奈儿肩并肩站立，看向同一个方向。在发布会前，每个座位上均放置了这张素描作品。

A - H
2019 2020
Chalet Gardenia

关于维吉妮·维娅

撰文 / 帕特里克·莫列斯

1962 年，维吉妮·维娅出生于里昂的一个丝绸制造商家庭。她似乎天生就适合在时尚界工作："我真的不知道我想做什么，"她曾对澳大利亚版 *VOGUE* 杂志说，"但我觉得应该是有关时尚的工作，因为我一直喜欢服装。我家里的很多女性都喜欢时尚。"这些女性中，维娅的母亲是她的第一个偶像。她的母亲喜欢穿索尼亚·里基尔（Sonia Rykiel）和蔻依品牌的服装，这些高端品牌均来自于当时风靡的电影《云裳风暴》。

1987 年，维吉妮·维娅通过家庭关系第一次见到卡尔·拉格斐，拉格斐邀请她加入香奈儿，担任高级手工坊的联络人。1992 年，拉格斐重返蔻依（早在二十年前，蔻依已因为他的带领大获成功），几年后，他又邀请维吉妮·维娅加入蔻依和他一起工作。

在学习了戏剧服装设计的历史并参加实习后，维吉妮·维娅于 1988 年作为戏服设计师多米尼克·博格（Dominique Borg）的助手，为伊莎贝尔·阿佳妮（Isabelle Adjani）主演、布鲁诺·努伊特（Bruno Nuytten）执导的电影《罗丹的情人》（*Camille Claudel*）设计戏服。在为蔻依工作的同时，她继续在戏服设计领域工作，相继为克日什托夫·基耶斯洛夫斯基（Krzysztof Kieslowski）的两部电影设计了服装，这两部电影是《蓝白红三部曲之蓝》（*Three Colours: Blue*）（1993），以及隔年上映的《蓝白红三部曲之白》（*Three Colours: White*）。演员朱丽叶·比诺什（Juliette Binoche）因出演前一部电影获得了凯撒奖。维吉妮以其标志性的从不喧宾夺主的创作方式，为当时法国最伟大的两位女演员设计服装。

结束了蔻依的工作之后，维娅于 1997 年回到香奈儿，担任香奈儿创意工作室总监。这开启了她与卡尔·拉格斐长期且极富成效的合作，这位年轻的设计师负责将拉格斐的设计稿、创意以及他的灵感一一化为现实作品。拉格斐以慷慨闻名，但对不符合他预期的工作却是零容忍。经过几年亲密无间的合作，他讲出了那句令人印象深刻的话语：维吉妮·维娅已经成为他的左膀右臂。

他们会在下午与香奈儿创意工作室的成员会面，一起工作，这是经过测试并行之有效的工作时间表。维娅白天在康朋街三楼处理设计稿、挑选面料，而拉格斐则在下午 6 点左右带着他全新创作的设计稿到达工作室。“这就是为什么我们可以创作出这么多个系列，”维娅解释道，“因为我们把两天当成一天过。”

CHANEL

旅行邀请函

作为卡尔·拉格斐最为亲密无间的助手工作了三十多年后，维吉妮·维娅首次推出其独立为香奈儿创作的系列作品，这标志着品牌由此开启了全新的旅程。发布会现场被设计成一座“Beaux-Arts”建筑风格的火车站，站内铁轨纵横交错，香奈儿发布会的曾经举办地被制作成站台标志树立于铁轨沿线：威尼斯（见532页）、圣特罗佩（见474页）、爱丁堡（见532页）等。这一场景呈现于巴黎大皇宫内，这是香奈儿惯用的发布会举办地。维娅说，受邀参与这场旅行的旅客可以放眼未来，也可以追忆往昔。

哈密什·博尔斯在*VOGUE*杂志中写道：“强大的香奈儿品牌现在已然拥有嘉柏丽尔·‘可可’·香奈儿和卡尔·拉格斐两位时尚伟人的‘基因’，一个多世纪以来，他们两人将女性塑造成她们自己想要成为的样子。”维娅在其首秀的作品中同时向这两位人物致敬。

博尔斯说：“开场造型（见右图）让人满怀敬意，呈现了如果年轻的香奈儿女士身处2020年时的穿着：简约的黑色外套搭配阔腿九分裤，令她行动自如，毫无阻滞，而内搭的白色衬衣则质感柔软，简洁利落。发布会的终场造型（见718页右下图）向卡尔·拉格斐致敬，露肩连衣裙配以爱德华时代风格的硬挺衣领，以拉格斐标志性的黑与白呈现。”

华达呢或油蜡涂层棉质面料裤装套装灵感源于工装制服，极为实穿，其中一些造型搭配链式腰带与荷叶边衬衫。标志性的斜纹软呢套装以鲜亮色彩创新演绎，并设计了配以2、4、6或8个口袋的全新廓形，系上腰带并搭配紧身裤，或搭配作为胸衣穿着的超大蝴蝶结。优雅的黑色晚装连衣裙搭配可拆卸的白色蝉翼纱伯莎式衣领，对比鲜明，为本季发布会画下句号。

苏西·门克斯在*VOGUE*杂志中总结道：“（维吉妮·维娅）优雅、审慎的态度值得称赞，同时，她带回一些可可式的强大女性的气质。”

VOIE
B
VOIE
A
BYZANCE

RIVIERA

图书馆

在维吉妮·维娅高级定制服系列的首秀中，巴黎大皇宫内打造了一座拥有时髦客厅的巨大圆形图书馆，致敬可可·香奈儿在康朋街私人寓所中的藏书室以及巴黎 Galignani 图书馆。Galignani 图书馆将藏书家卡尔·拉格斐列为其最重要的客户之一。维娅说："我在脑海中想象着一个在不经意间透露出优雅气质的女性，她的穿着灵动且自由，这就是我钟爱的香奈儿魅力。"

系列作品演绎刚柔并济的风格，一系列直筒式长款斜纹软呢大衣作品（见右图）为发布会拉开序幕，随后则呈现了色彩鲜亮的波蕾若外套、采用圆肩及圆袖设计的飞行员夹克外套，其中，轻盈薄透的白色褶饰衣领让人联想到一本打开的书，与本系列源于文学的灵感互相呼应（见对页左下图）。眼镜及纽扣是本季主要的配饰，纽扣以宝石或牛皮纸及其他高级印刷用纸的色调演绎。

"是的，书卷气十足……但这位图书管理员看起来高贵典雅。"蒂姆·布兰克斯在报道中提到。"凯雅·杰柏的艳红色提花套装（见对页右下图）搭配折纸风格的花饰，是对纸张的另类演绎，"他补充道，并称赞"一款配以蝴蝶结、设计有围兜、高领、白色袖口的天鹅绒连衣裙（见 723 页下图），将拉格斐钟爱的维也纳分离派的严谨与香奈儿创作中刚柔并济的纯粹完美地融合在一起。"布兰克斯最后说："（维娅的）高级定制服系列首秀充满了优雅与克制，极富洞见地符合了香奈儿客人的期待。"

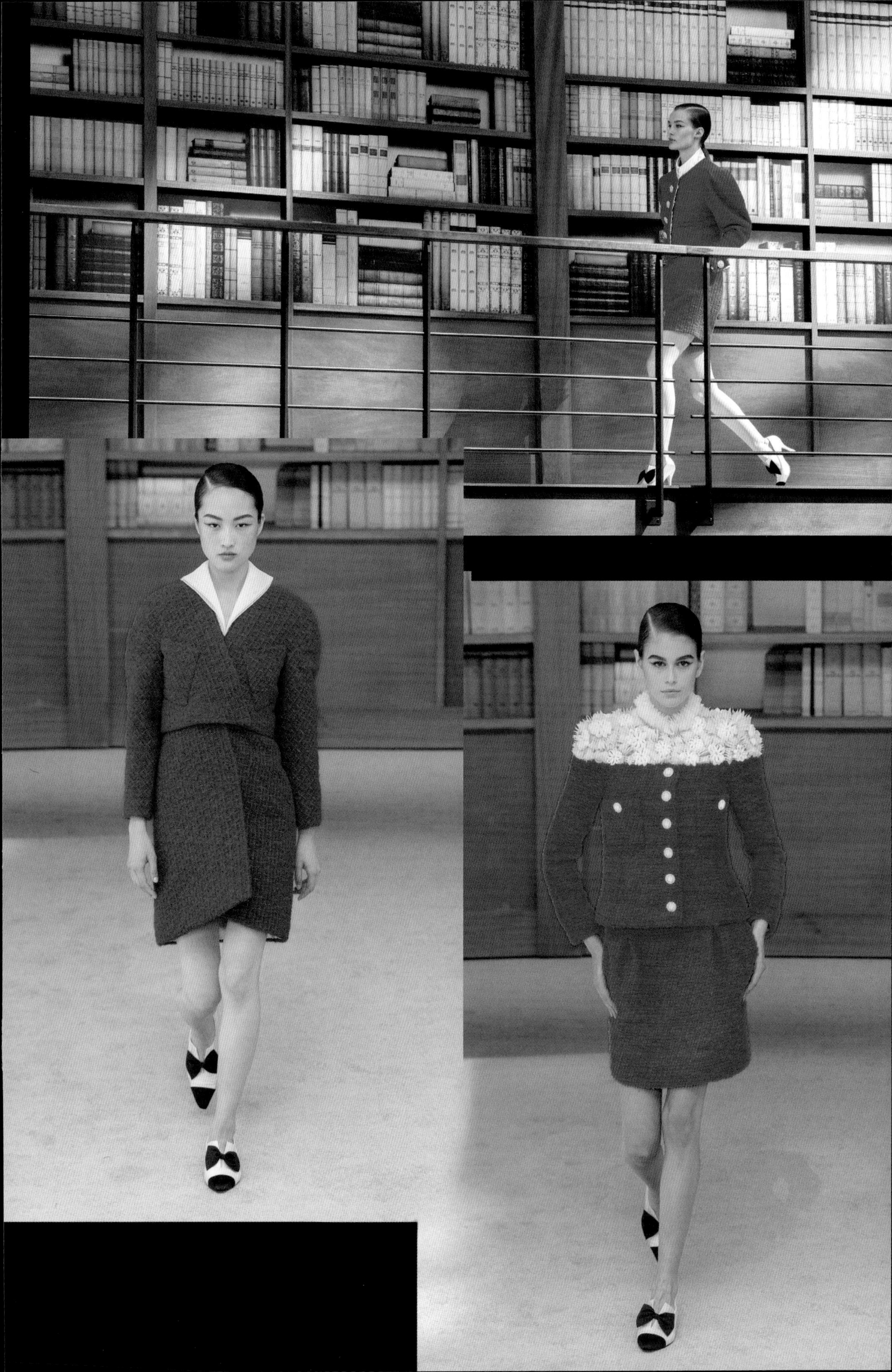

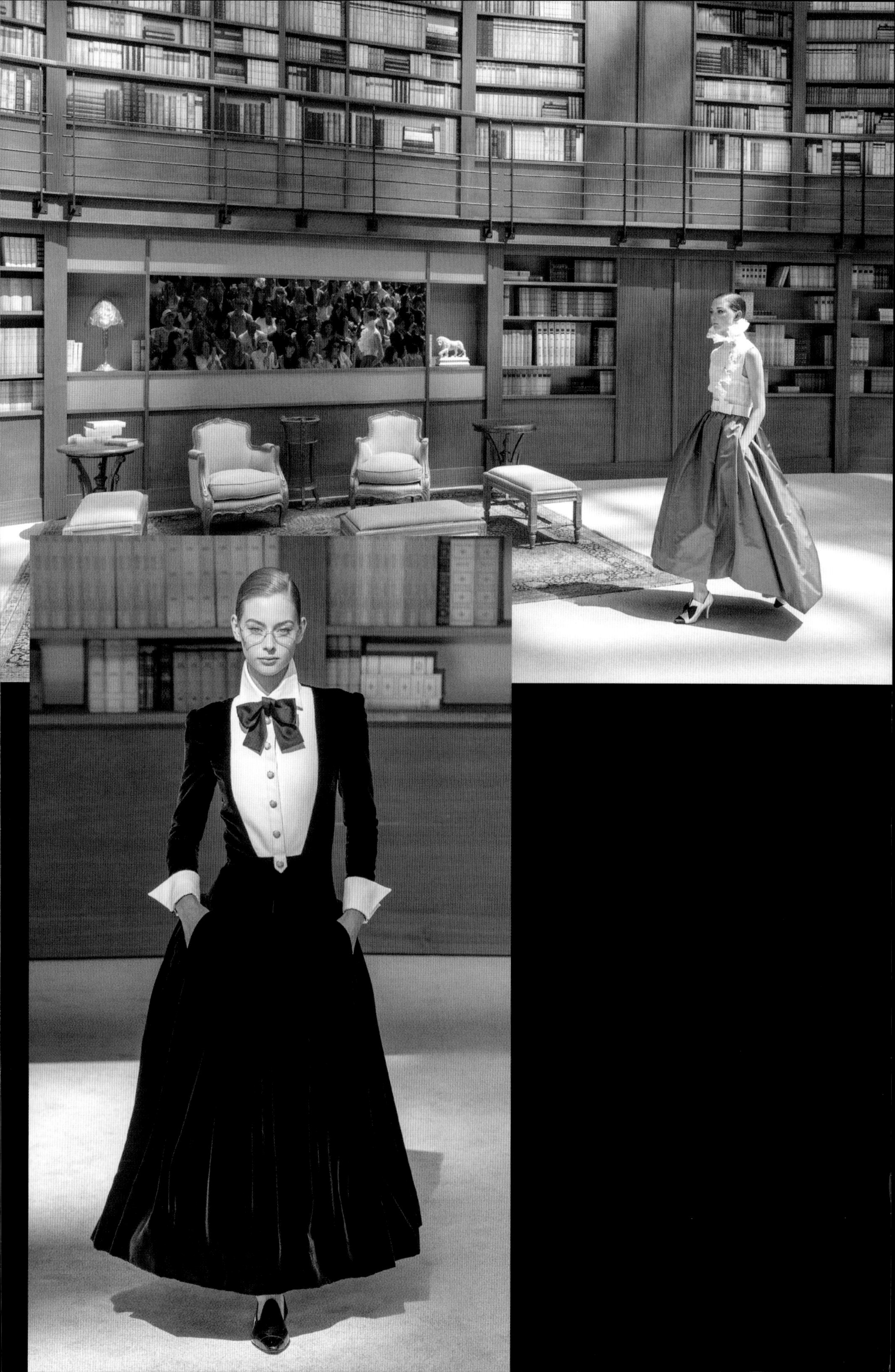

巴黎屋顶

发布会现场被打造为经典的巴黎锌制屋顶的场景。维吉妮·维娅在介绍她的全新系列作品时说："巴黎的屋顶让我想起'新浪潮'的氛围。我在构思时，看见了在屋顶上行走的人物倩影，我想到了克里斯汀·斯图尔特扮演的角色珍·茜宝，以及所有在那个年代穿着嘉柏丽尔·香奈儿设计的戏服的女演员们。"

苏珊娜·弗兰克尔（Susannah Frankel）写道："这个系列的精神是青春的，情绪是乐观的，对未来充满了希望。"系列廓形围绕着自如的动态感展开，著名的斜纹软呢套装被创新演绎为实穿且风格前卫的连身裤装，其中一些与服装配套的斜纹软呢拉链款手袋，让人想起女学生的铅笔袋，上面用链条和皮革交错编织出"CHANEL"的字样（见对页右下图）。

高腰连衣裙飘逸而轻盈，搭配平底凉鞋，有些造型还搭配由Maison Michel制帽坊打造的毛毡帽。维娅还在本季展现舞者的精神，呈现了超短裤的设计，搭配同材质的亮片上衣及如长筒袜般的黑色紧身裤。从日装到晚装，气球形袖子的设计贯穿始终，变奏演绎在不同的款式之上。品牌解释："这一量感效果通过许多蝴蝶结与绣有酒椰叶纱线及欧根纱花瓣的荷叶边实现。"

蒂姆·布兰克斯在报道中提到："维娅创作的香奈儿具备可可的率性洒脱，但更为童真。"她为"年轻女性呈现了更实穿的香奈儿衣橱，"萨拉·莫厄尔在*VOGUE*杂志中总结道，"以传承可可·香奈儿为基础，为当代女性打造风格指南。"

归来

过去三十年来，维吉妮·维娅一直与香奈儿高级手工坊的工匠们并肩工作，她极为珍视这些工匠。在她自己的首个高级手工坊系列中，她选择呼应高级手工坊系列在 2002 年的第一次发布会，当时是在康朋街 31 号的沙龙中举行，私密感十足（见 316 页）。“那场发布会对我来说极为珍贵，”维娅说，“模特们一边抽着烟，一边听着卢·里德（Lou Reed）的音乐。更像是展现一种态度，而非诠释一个主题。”

本季，她向这一里程碑式的发布会致意，同时也致敬嘉柏丽尔·香奈儿时代发布会的呈现方式：模特们穿行于镜面装点的高级定制服沙龙中，而可可则在她标志性的镜梯上观察观众的反应。维娅邀请曾获奥斯卡奖的电影导演索菲亚·科波拉（Sofia Coppola，年轻时曾是香奈儿创意工作室的实习生），在巴黎大皇宫内打造了康朋街 31 号的场景，现场极具电影质感，巨大的吊灯上还可以看到双 C 标志以及数字“5”。维娅解释说，在构思这一新系列时，“我首先想到的是楼梯：我想象一个女孩沿着楼梯款款而下。她穿着哪条裙子？哪双鞋？”

本系列被设计师描述为“回到香奈儿的 ABC”，它既呈现了品牌历史中的标志性设计和不为人知的一面，亦有全新演绎的款式，包括扎染图案的运用，这一设计灵感源于 1960 年嘉柏丽尔·香奈儿创作的粉色斜纹软呢套装，其衬里图案是以黑色、蓝色、粉色及淡紫色扎染而成的（见对页左下图），还包括由 Lemarié 山茶花及羽饰坊以珠宝打造的雕塑般的山茶花（见 730 页下图），以及以香奈儿女士私人寓所内的鸟笼摆件为原型设计的硬式晚宴包（见 730 页右上图）。

“维娅通过精妙的创作语言将高级手工坊的精湛技艺化为衣服的点睛之笔，这与拉格斐的作品异曲同工，但更为接近嘉柏丽尔·香奈儿本人的创作精神，更实穿，同时更加适应这个时尚发布会要为更多元、更多年龄层的客人提供更广泛选择的时代。”哈密什·博尔斯对 *VOGUE* 杂志解释道。

“我完全吸收了香奈儿的风格法则，”维吉妮·维娅补充道，“卡尔在嘉柏丽尔的基础上呈现了自己的创作演绎。我在香奈儿长大，我是卡尔和嘉柏丽尔的孩子。”

CHANEL
N°5
CHANEL
N°5

奥巴辛修道院

在其第二个高级定制服系列中，维吉妮·维娅回溯了嘉柏丽尔·香奈儿的童年时光——特别是香奈儿在古老的奥巴辛修道院度过的岁月。她的父亲在其母亲离世后将她送到这家修道院，从此杳无音讯。

维娅探访了这间修道院及其回廊环绕的花园，她被其魅力深深吸引。“我立刻就喜欢上了这座回廊环绕的花园，它具有未经雕琢的自然气息。”维娅回忆说，“那天阳光明媚。这个地方让我想起了夏天，一阵微风吹过，花香四溢。我想用如植物标本般的花卉刺绣呈现精致的花朵。发布会场景设计中，我最喜欢的是源于高级定制服的繁复精细与这个地方的简约纯粹之间的对比。”

维娅继续说道:“我也喜欢寄宿生、女学生的创意，喜欢很久以前孩子们穿的衣物。”本季的开场作品呈现了白色紧身裤搭配袜子或系带靴的系列廓形，便是对这个主题的呼应。

除了香奈儿标志性的纯粹线条感、刚柔并济以及低调克制的色调外，“维娅……将（嘉柏丽尔的）率性也融合到作品中，”蒂姆·布兰克斯在报道中提到，“这个系列中有一种刻意为之的成年人氛围。吉吉·哈迪德（Gigi Hadid）是本季克制气质的最佳体现。她身穿长款黑色连衣裙，裙摆开衩，像一位严厉的教师（见对页左上图）。”

众多修道院元素塑造出童年嘉柏丽尔的想象力，并在其后期创作中反复出现，如品牌提到的“修道院内由不同图案铺设的地板，例如星星图案，还包括彩色玻璃窗及其相互交错的几何图案”，这些元素被融合设计成伯莎式刺绣衣领（见对页左下及右下图）以及满绣哑光淡色亮片的套装和连衣裙（见734页左下图）。

本系列最后的篇章呈现出一种流动的、浪漫的氛围，包括一袭短款绉绸乔其纱婚纱连衣裙，配以绣有紫藤花枝图案的头纱（见735页下图）。“头纱固定在新娘的发髻上，”蒂姆·布兰克斯说道，“她可以随心所欲地将其扯下来，也许可以同样迅速地把她的未婚夫赶走。这感觉很像可可，她作品中的现代性无比隽永，而维娅呈现了迷人的、精巧的创作，她的作品让人印象深刻。”

浪漫之姿

“这是一种非常简约、极为纯粹的创作冲动。浪漫洋溢但没有丝毫矫揉造作，情绪饱满却无任何赘饰。”维吉妮·维娅说，这些是本季全新作品的灵感来源，“动态感、透气感……T台没有任何棱角”，模特们三三两两组合，走上薄雾笼罩的镜面地板，穿行在单色弧形线条组成的极简风格布景中。

本系列从一位赛马骑师（嘉柏丽尔·香奈儿的马Romantica曾由他训练）身穿的丝质面料服装中汲取灵感，并以马术为主题，呈现了众多马裤作品，维娅解释说，这款裤装侧面的银色压钉可以打开，从而“呈现更为生动的设计感”。哈密什·博尔斯在*VOGUE*杂志中还提到：“斜纹软呢外套或大衣袖子上的条纹设计，巧妙地呼应了骑师丝质服装之上的丝缎臂章。”

本季，维娅还演绎了20世纪80年代卡尔·拉格斐与安娜·皮亚姬（Anna Piaggi）的合影中所穿的七里靴，博尔斯补充说：“他们两人均身穿爱德华复兴时期的服装……拉格斐穿着条纹日装外套及配套背心，搭配柔软的黑色真丝领结、马裤以及一双结实的马靴——对维娅来说，这个形象则代表着‘强烈的浪漫’。”

“在精彩非凡的系列作品中，连衣裙就像极为珍罕的宝石，以精美奢华的天鹅绒、光泽闪耀的塔夫绸以及工艺精湛的斜纹软呢呈现，”时尚记者达恩·陶利（Dan Thawley）写道，“低调、克制的设计为其他部分留下足够的创作空间，例如在搭配围裙式超短裤的贝壳形纯白外套上，点缀同色系的小颗粒珍珠作为装饰”，以及镶嵌珠宝的拜占庭式十字架，这一设计深受嘉柏丽尔·香奈儿喜爱，而维娅则在本季中进行自己的诠释。

参考文献

为了不影响阅读的流畅性，本书正文没有用脚注或其他方式标注引文出处。

序言、卡尔·拉格斐和维吉妮·维娅简介的引文出处及其他参考文献如下。

Alice Cavanagh, 'Virginie Viard on her career with Karl Lagerfeld at Chanel and what makes a Chanel woman', *Vogue Australia*, 19 February 2019

John Colapinto, 'In the Now', *The New Yorker*, 12 March 2007

Anabel Cutler, 'Chanel after Coco', *In Style*, October 2009

Jo Ellison, 'King of Couture', *The Financial Times*, 5 July 2015

Susannah Frankel, 'Still Crazy about Coco', *The Independent Magazine*, 22 March 2008

Kennedy Fraser, 'The Impresario: Imperial Splendors', *Vogue US*, September 2004

Natasha Fraser-Cavassoni, 'I Should Coco!', *The Times Luxx Magazine*, 14 November 2009

Hadley Freeman, 'Chanel', *10*, Autumn 2005
—, 'The Man behind the Glasses', *Fashion Handbook*, 17 September 2005

Tina Gaudoin, 'Master and Commander', *The Times*, 5 March 2005

Nelly Kapriélian, 'Le cuirassé Lagerfeld', *Vogue Paris*, October 2007

Interview with Karl Lagerfeld, ID, *The Studio Issue*, March 2004

Marie-Pierre Lannelongue, 'L'extravagant mystère Karl', *Elle France*, 14 February 2015

Rebecca Lowthorpe, 'The Man behind the Shades', *Elle UK*, March 2012

Patrick Mauriès and Jean-Christophe Napias, *The World According to Karl*, London: Thames & Hudson, 2013

Daphne Merkin, 'Alter Egos', *Elle US*, April 2003

Adélia Sabatini, 'The House that Dreams Built', *Glass*, Summer 2010

图片来源

以下数字表示相关图片所在页码。

除另有说明外，所有图片版权均为©firstVIEW所有。

Gabriel Bouys/Getty Images: 620, 621 (上)

Victor Boyko/Getty Images: 680–681 (背景)

Stephane Cardinale – Corbis/Getty Images: 628–629, 647 (左上), 658 (上), 659 (左下), 670 (上), 677 (上), 680 (中), 684 (上和下), 730 (下)

Catwalkpictures.com: 26–27, 32–33, 38–39, 42–47, 50–59, 64–67, 69–73, 80–85, 115 (左上), 116 (右上), 117–121, 126–129, 176–179, 184–187, 192–194, 202–205

Copyright © Chanel: 23, 278–279, 294–295, 308–309, 316–317, 3 30–331, 338–339, 348–349, 358–359, 390–391, 410–411, 460–465, 488–493, 510–513, 571, 725 (上), 735 (左上和右上)

Dominique Charriau/Getty Images: 685 (右上)

Pietro D'Aprano/Getty Images: 621 (左)

Antonio de Moraes Barros Filho/ Getty Images: 652 (右)

Dia Dipasupil/Getty Images: 700(左), 701 (下)

The Fashion Group International, Inc.: 48–49, 180–183, 188–191, 196–201

GARCIA/Gamma-Rapho via Getty Images: 75 (右上)

Alain Jocard/Getty Images: 689 (右上)

Patrick Kovarik/Getty Images: 617 (上)

Pascal Le Segretain/Getty Images: 641 (上), 646, 647 (右上), 648 (左下和右下), 649 (左上和右上), 658 (下), 659 (右上), 715, 730 (左上)

Guy Marineau/W, © Condé Nast: 28–29

Bertrand Rindoff Petroff/Getty Images: 68, 648 (上), 649 (右下), 667 (左上), 687 (上)

Daniel Simon/Gamma-Rapho via Getty Images: 74, 75 (左上和下)

Kristy Sparow/Getty Images: 729 (整页), 730 (右上)

Patrick Stollarz/Getty Images: 671 (上)

Victor Virgile/Getty Images: 691 (上)

Peter White/Getty Images: 627 (左下), 733 (左上，左下和右下)

注：香奈儿2013春夏高级定制服系列（见538–541页）中的20世纪30年代花卉图案来自伦敦维多利亚与阿尔伯特博物馆的纺织品档案。

致 谢

本书作者和出版商要感谢卡尔·拉格菲、埃里克·普鲁德（Eric Pfrunder）、宝琳·贝瑞（Pauline Berry）、玛丽-路易丝·德·克莱蒙-通纳尔（Marie-Louise de Clermont-Tonnerre）、劳伦斯·德拉马尔（Laurence Delamare）、塞西尔·戈德-迪尔勒（Cécile Goddet-Dirles）和萨拉·皮特雷（Sarah Piettre）在本书创作过程中提供的帮助和支持。

还要感谢firstVIEW平台的凯瑞·戴维斯（Kerry Davis）和唐·阿什比（Don Ashby），以及肖恩·泰（Sean Tay）提供的帮助。

服装、配饰与面料精选索引

以下数字表示相关图片所在页码。

服装

配饰

面料与装饰

模特索引

以下数字表示相关图片所在页码。

E

F

G

H

I

J

K

L

M

N

O

P

T

V

W

X

Y

Z

虽然我们已尽最大努力确认本书中出现的所有模特，但仍可能会有疏漏。疏漏之处，我们将在后续重印时修正和补充。

图书在版编目（CIP）数据

香奈儿T台时装作品全集/(法)帕特里克·莫列斯，阿黛丽娅·萨巴蒂尼著；
张晓宏译. —— 上海：东华大学出版社，2023.3
ISBN 978-7-5669-2154-3

Ⅰ.①香… Ⅱ.①帕… ②张… Ⅲ.①时装-服装设计-作品集-法国-现代
Ⅳ.①TS941.28

中国版本图书馆CIP数据核字(2022)第233835号

责 任 编 辑：徐 建 红
书 籍 设 计：东华时尚

出　　版：东华大学出版社（地址：上海市延安西路1882号　邮编：200051）
本 社 网 址：dhupress.dhu.edu.cn
天猫旗舰店：http://dhdx.tmall.com
销 售 中 心：021-62193056　62373056　62379558
印　　刷：中华商务联合印刷（广东）有限公司
开　　本：889mm×1194mm　1/16
印　　张：47.5
字　　数：1 600千字
版　　次：2023年3月第1版
印　　次：2023年3月第1次
书　　号：ISBN 978-7-5669-2154-3
定　　价：498.00元